U0376429

普通高等教育土建学科专业『十二五』规划教材
全国住房和城乡建设职业教育教学指导委员会建筑与规划类专业指导
委员会规划推荐教材

城市设计

（城乡规划专业适用）

本教材编审委员会组织编写

丁夏君　主编

梁玉秋　张艳　副主编

中国建筑工业出版社

图书在版编目（CIP）数据

城市设计／丁夏君主编．—北京：中国建筑工业出版社，2017.7
全国住房和城乡建设职业教育教学指导委员会建筑与规划类专业指导委员会规划推荐教材
ISBN 978-7-112-21049-7

Ⅰ.①城…　Ⅱ.①丁…　Ⅲ.①城市规划－建筑设计－高等职业教育－教材　Ⅳ.① TU984

中国版本图书馆CIP数据核字（2017）第182447号

　　本教材由浙江建设职业技术学院老师编写，是普通高等教育土建学科专业"十二五"规划教材和全国住房和城乡建设职业教育教学指导委员会建筑与规划类专业指导委员会规划推荐教材中的一本。全书共分6章，包含城市设计的相关知识和设计案例，系统性强，内容全面，案例真实。

　　本教材可作为高职院校城乡规划、建筑设计及相关专业的教材或参考书，也可供从事城市设计、建筑设计、城乡规划的人员参考。

　　为更好地支持本课程的教学，我们向使用本书的教师免费提供教学课件，有需要者请与出版社联系，邮箱：cabp_gzgh@163.com。

责任编辑：杨　虹　尤凯曦　朱首明
责任校对：焦　乐　党　蕾

普通高等教育土建学科专业"十二五"规划教材
全国住房和城乡建设职业教育教学指导委员会建筑与规划类专业指导委员会规划推荐教材
城市设计
（城乡规划专业适用）
本教材编审委员会组织编写

丁夏君　主编

梁玉秋　张　艳　副主编

*

中国建筑工业出版社出版、发行（北京海淀三里河路9号）

各地新华书店、建筑书店经销

北京嘉泰利德公司制版

北京中科印刷有限公司印刷

*

开本：787×1092毫米　1/16　印张：$6\frac{1}{2}$　字数：135千字
2017年9月第一版　2017年9月第一次印刷
定价：28.00元（赠课件）
ISBN 978-7-112-21049-7
（30689）

编审委员会名单

主　任：季　翔

副主任：朱向军　周兴元

委　员（按姓氏笔画为序）：

王　伟　甘翔云　冯美宇　吕文明　朱迎迎

任雁飞　刘艳芳　刘超英　李　进　李　宏

李君宏　李晓琳　杨青山　吴国雄　陈卫华

周培元　赵建民　钟　建　徐哲民　高　卿

黄立营　黄春波　鲁　毅　解万玉

前　　言

本教材编写主要立足以下三点原则：立足城市规划专业专科生整体培养目标而设定城市设计内容；注意城市规划专业与建筑学专业中城市设计内容教授的差异性和相关性；突出基本原理讲授，合理安排理论、方法和案例分析内容。

通过本课程的学习，编者希望学生掌握城市设计的基本原理和初步的设计技能，熟悉城市规划与城市设计的关系，简要了解国内外城市设计的发展趋势，并具备初步的从事城市设计编制和研究任务的能力。

城市设计是一门正在不断完善和发展中的学科，世界各国目前许多院校的相关专业已经陆续开设城市设计课程。考虑到目前中国高职高专教学课程中城市设计教学参考书的普遍缺乏以及各校城市设计专业水平积累的差异，本书编者仍然希望能够尽可能将相对系统和完备的城市设计知识加以介绍，以期为城市设计教学提供基础性的参考。各校讲授城市设计课程可以根据实际情况增加、补充、修订或简化部分教材内容，以利形成自身特色。

本教材适用于高等专科学校城乡规划专业，也可作为建筑设计、城市信息化管理、风景园林设计等相关专业的教学参考书。

本书由浙江建设职业技术学院丁夏君担任主编，负责全书的统稿及审定工作；浙江同济科技职业学院张艳任副主编，负责第3章和第4章的编写任务；浙江建设职业技术学院梁玉秋任副主编，负责第2章和案例的收集、整理、编写任务；浙江建设职业技术学院陈玉龙参编，负责第1章、第5章的编写任务。浙江建院建筑规划设计院骆晓阳、潘玲娜参编，负责收集提供案例。

由于编者编写时间仓促，水平有限，难免存在不足和疏漏之处，敬请各位读者批评指正，以便今后改进。

目　录

1

城市设计概述

教学要求

通过本章的学习，了解城市设计的发展历史和形成过程、城市设计和其他学科的关系，掌握城市设计的含义和特征及其相关研究理论。

教学目标

能力目标	知识要点	权重	自测分数
掌握城市设计含义	城市设计定义	30%	
掌握城市设计特征	城市设计特征（特性）	25%	
了解城市设计历史	城市设计的诞生和发展阶段	15%	
了解城市设计和其他学科的关系	城市设计和建筑设计、城市规划的关系	15%	
了解城市设计的理论	凯文·林奇的城市意象5大要素	15%	

1.1 城市设计的含义

城市设计又称都市设计（Urban Design），很多设计师和理论家对这一名词的定义都有自己独特的看法。现在普遍接受的定义是"城市设计是一门关注城市规划布局、城市面貌、城镇功能，并且尤其关注城市公共空间的学科"。相对于城市规划的抽象性和数据化，城市设计更具有具体性和图形化；但是，因为20世纪中叶以后实务上的城市设计多半是为景观设计或建筑设计提供指导、参考架构，因而与具体的景观设计或建筑设计有所区别。城市设计的复杂过程在于以城市的实体安排与居民的社会心理健康的相互关系为重点。通过对物质空间及景观标志的处理，创造一种物质环境，既能使居民感到愉快，又能激励其社区（Community）精神，并且能够带来整个城市范围内的良性发展（图1—1）。

城市设计（Urban Design）一词，于1950年开始出现。查理士·埃布尔拉姆斯（Charles Abrams）认为城市设计是一项赋予城市机能与造型的规则与信条，其作用在求城市或邻里内各结构物间的和谐与风格一致；乔拿森·巴挪特（Jonathan Barnett）则认为城市设计乃是一项城市造型的工作，它的目的在展露城市的整体印象与整体美。富兰克·艾尔摩（Frank L. Elmer）的说法为城市设计是人类诸般设计行为的一种，其目的不外乎将构成人类城市生活环境的各项实质单元，如住宅、商店、工厂、学校、办公室、交通设施以及公园绿地等加以妥善地安排，使其满足人类在生活机能、社会、经济以及美观上的需求。

城市设计的范围或规模，可大可小，从整个城市三度空间架构的制定，到地区内外部空间的安排，甚或一条街道弄巷的改善，一栋历史建筑物或地区的保留、维护，以及一个纪念碑、一棵树的设计安排，都可包含在城市设计的范围内。它不但处理建筑物个体与个体间、同时也处理个体与群体间的相互关

图1—1 广州市花城广场城市设计实景照片

系。在城市整体发展过程中，城市设计实扮演着联系上下（城市计划与建筑设计）、协调整体的重要角色。

1.2 城市设计的发展历史

1.2.1 城市设计缘起

城市设计几乎与城市文明的历史同样悠久。在古代，城市设计与城市规划密不可分，重要性几乎同等。它是随人类最早的聚居点的建设而产生的。

人类社会有三次社会分工，随着第三次大分工——商人的出现，城市也应运而生。

城市革命和城市的产生，对人类文化传播的贡献，仅次于文字的发明。

史前人类聚居地，大都依从自然环境条件。古埃及很多城镇都是沿着河道发展起来的，而且按照人们喜欢的风向，依据所在的位置、环境、海岸走向、河谷或山坡地势修建城镇，并都建于自然高地或人工高地上。

这时城镇已经具备一些基本布局形态：如古埃及城镇多用矩形平面，美索不达米亚则为椭圆形等。

1.2.2 古希腊的城市设计

希腊文明之前，欧洲缺乏城市设计的完整模式和系统理论。古希腊时期城镇的建设和城市设计都出自实用的目的：防守、交通。城市喜好选择南坡，建筑坐南朝北。这一时期中，城市建设最重要的传世之作为雅典和雅典卫城（图1-2）。

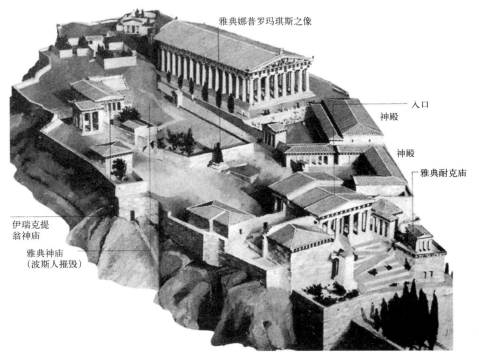

雅典娜普罗玛琪斯之像

入口

神殿

神殿

雅典耐克庙

伊瑞克提翁神庙

雅典神庙（波斯人摧毁）

图 1-2 雅典卫城复原图

雅典卫城建于城内一个陡峭的、高于平地 70 ~ 80m 的山顶台地上,东西长 280m,南北最宽处为 130m。建筑物安排顺应地势,雅典卫城不是简单的轴线关系,而是经过人们长时期步行、观察、思考和实践的结果。

希波战争前,希腊的城市多为自发形成,城市空间、街道系统均不规则。公元 5 世纪,希波丹姆所作的米利都城重建规划,在西方首次系统采用正交的街道系统,形成十字格网,建筑物都布置在格网内。这一系统被公认是西方城市规划设计理论的起点,标志着一种新的理论和实用标准的诞生。

1.2.3　古罗马时期城市设计

古罗马时代已经有了正式的城市布局规划,它具有四个要素:选址、分区规划布局、街道与建筑的方位定向和神学思想。

有学者指出,罗马人从希腊学到了基于实践基础的美学形式,而且对米利都城规划形式中的各项重要内容——形式上的封闭广场、广场四周连续的建筑、宽敞的大街、两侧成排的建筑物,还有剧场,罗马人都依照自己的方式进行了特有的转换(图 1-3)。著名案例有罗马等(图 1-4)。

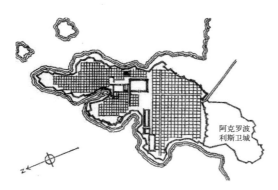

图 1-3　米利都城平面图

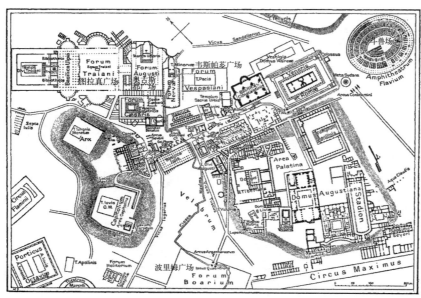

图 1-4　古罗马平面图

古罗马的广场也是这一时期城市设计的重要内容，功能除了希腊时期的集会、市场职能外，还包括审判、庆祝、竞技等。其中罗马城中的广场群最壮丽辉煌，其四周一般多为庙宇、政府、商场。

1.2.4 中古时代伊斯兰国家的城市设计

早期伊斯兰文化几乎没有城市平面的规划准则，唯一可以识别的空间规则和秩序就是清真寺及其周围的教民住区，这是当时伊斯兰城市社会生活的唯一核心和相对成熟的城市平面。

1.2.5 欧洲中世纪的城市设计

欧洲到了中世纪，城市开始作为主教与国王的活动中心建立起来。有关学者研究，中世纪的城市主要分为三种类型：

要塞型：由罗马帝国遗留下来的军事要塞居民点发展而来。

城堡型：在封建主的城堡周围发展起来。

商业交通型：因地理优越，在商业、交通活动基础上发展起来。

中世纪意大利的佛罗伦萨、威尼斯、热那亚是当时欧洲最先进的城市。

佛罗伦萨是当时意大利纺织业和银行业比较发达的经济中心，城市平面为长方形，路网较规则（图1-5）。

总之，以规模论，中世纪的欧洲城市比古希腊、古罗马缩小很多。城市设计和建设也曾取得了很多的成绩。

这些城市的建设充分利用了特定的城市地貌地形、河湖水面和自然景色，

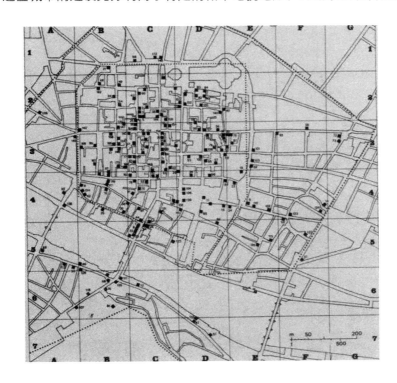

图1-5　中世纪佛罗伦萨平面图

从而形成各自的城市个性。城市空间尺度亲切，多变的沿街建筑、蜿蜒的街道以及分布在各处的大小公共空间呈现出丰富多变的城市景观。

1.2.6 中国古代的城市设计

中国城市建设有与西方不尽相同的自身特点。

公元前 11 世纪，一套较完整的为政治服务的，反映尊卑、上下、秩序、大一统思想的理想城市模式"营国制度"，对历代都、州和府城设计产生深远的影响，如北京、西安、开封等。

古代北京城市建设中最突出的成就，是以宫城为中心的向心式格局和自永定门到钟楼长 7.8km 的城市中轴线，是世界城市建设历史上最杰出的城市设计范例（图 1-6）。

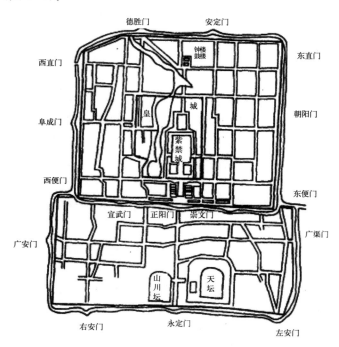

图 1-6 明代北京城示意图

此外，我国古代也有一些城市规划设计却更多地结合了特定的自然地理和气候条件。南京，山环水绕，自然景观和悠久的历史相得益彰。城市设计的一个显著特点就是城与山水的紧密结合，城墙依山傍水曲折穿行，城内街道呈不规则状，从而形成中国历史上独具一格的都城布局。

1.3 现代城市设计的产生与特征

1.3.1 现代城市设计的产生

第二次世界大战后，许多城市获得了高速的发展，但过度依循形体决定论的建设思路，使得对内在环境品质和文化内涵掉以轻心，使城市中心空心化，历史文化遗产受到威胁，因此，城市设计被再度提出。

但现代城市设计具有了新的内容：设计者不再仅仅是以城市空间的艺术处理和美学效果，而是以人—社会—环境为核心的城市设计的复合评价标准为准绳，综合考虑各种自然和人文要素，强调包括生态、历史、文化等在内的多维复合空间环境塑造，提高城市的适居性和人的生活环境质量。

1.3.2　现代城市设计的基本特征

现代城市设计所运用的技术和方法，所涉及的旁系学科范围远远超出了传统城市设计，是一项综合性的城市环境设计，具有以下特征：

（1）主导思想上，认为城市设计是一个多因子共存互动的随机过程，可以作为一种干预手段对社会产生影响，但不能根本解决城市的社会问题。

（2）对象上，多是局部、城市部分空间环境。涉及内容以人的物质、精神、心理、生理、行为规范诸方面的需求及其与自然环境的协调共生为设计目的。

（3）方法上，跨学科为特点，注重综合性和动态弹性。

（4）承认与城市规划和建筑设计相关，但不主张互相取代。

（5）设计成果除了图纸，文字说明、背景陈述、开发政策和设计导则占有更加重要的位置。

1.4　城市设计研究的对象层次和类型构成

城市设计的范围很广，从整个城市的空间形态到局部的城市地段，如市中心、街道、广场、公园、居住社区、建筑群乃至单体建筑和城市景观细部，特别是涉及上述要素之间相互关联的空间环境。

通常，我们将城市设计的对象范围大致分为三个层次：

（1）大尺度区域－城市级城市设计。

（2）中尺度分区级城市设计。

（3）小尺度地段级城市设计。

其中"设计范围"大于"任务范围"，以保证城市设计考虑问题的全面性和有效性。

1.4.1　区域－城市级的城市设计

工作的对象主要是城市建成区环境。它着重研究在城市总体规划前提下的城市形体结构、城市景观体系、开放空间和公共人文活动空间的组织。内容为包括市域范围内的生态、文化、历史在内的用地形态、空间景观、空间结构、道路格局、开放空间体系和艺术特色乃至城市的天际轮廓线、标志性建筑布局等。其设计的目标是为城市规划各项内容的决策和实施提供一个基于公众利益的形体设计准则。

美国 1780 年建国，华盛顿 1790 年就任美国总统后，聘请了法国军事工程师朗方对选定的一块位于波托马克河的用地进行新首都规划设计。深受巴黎

图 1-7 华盛顿中心区
规划

波托马克河东河

影响，朗方也将华盛顿规划成方格网加放射性道路的城市格局，并合理利用了
华盛顿地区特定的地形、地貌、河流、方位、朝向等条件（图1-7）。

1.4.2 分区级城市设计

　　主要涉及城市中功能相对独立，并且环境具有相对整体性的街区，是城
市设计的典型内容。

　　主要集中在以下几点：

　　（1）与区域－城市级城市设计对环境整体考虑所确立的原则的衔接，如
作为蓝道的河流、作为绿道的开放空间和城市的步行体系、基础设施体系乃至
城市的整体空间格局与艺术特点在实施中都要落实到具体地区和地段的城市设
计中。

　　（2）旧城和历史街区的改造保护和更新整治。城市设计大多数都与旧城
改造有关，尤其在分区层次上。

　　（3）功能相对独立的特别区域，如城市中心区、具有特定主导功能的历
史街区、商业中心、大型公共建筑（城市建筑综合体、大学校园、工业园区、
世界博览会）的规划设计与安排等。

　　SOM公司设计的北京中央商务区（图1-8），整体框架延续北京历史文脉
和城市的肌理，形成方格状基本路网结构，并体现与旧城中心区的轴向联系和
区内的轴向布局与发展。

图1-8 北京中央商务区核心区（左）

图1-9 东京国际会议中心（右）

1.4.3 地段级城市设计

主要指建筑设计和特定建设项目的开发，如街景、广场、交通枢纽、大型建筑物及其周边外部环境的设计。这是最常见的城市设计内容，这一尺度的城市设计虽然微观具体，但对城市的面貌有很大影响。主要依靠广大建筑师自身对城市设计观念的理解与自觉。

东京国际会议中心位于日本东京的丸内地区，占地 27400m²，基地原为旧东京都厅舍用地。该建筑面积 14000m²，是一个为大型会议、展览和信息交流提供服务的综合性中心，主要功能包括会议、音乐会、时装表演、展览、电影、演出等（图1-9）。

1.5 城市设计与相关学科的关系

城市设计的研究范畴与工作对象过去仅局限于建筑和城市相关的狭义层面。但是，与城市规划、景观建筑、建筑学等有历史传统的范畴类似，城市设计这一范畴在 20 世纪中叶已经开始变化，除了与城市规划、景观建筑、建筑学等范畴的关系日趋绵密复杂，也逐渐与城市工程学、城市经济学、社会组织理论、城市社会学、环境心理学、人类学、政治经济学、城市史、市政学、公共管理、可持续发展等知识与实务范畴产生密切关系，因而成为一门复杂的综合性跨领域学科。

城市设计侧重城市中各种关系的组合，建筑、交通、开放空间、绿化体系、文物保护等城市子系统交叉综合，联结渗透，是一种整合状态的系统设计，具有艺术创作的属性，以视觉秩序为媒介、容纳历史积淀、铺垫地区文化、表现时代精神，并结合人的感知经验建立起具有整体结构特征、易于识别的城市意象和氛围。

1.5.1 建筑设计与城市设计的关系

城市设计处理的空间与时间尺度远较建筑设计为大，它处理街区、社区、邻里，乃至于整个城市（虽然当代都市设计绝少至整个城市的范围，除非城市规模较小），其实现的时程多半设定在 15 ～ 20 年间。相对于建筑设计仅需处理单一土地范围内的建筑工作，建筑物完工大多仅需 3 ～ 5 年，城市设计在空间时间方面有着相当大的尺度差异。

城市设计所面对的变量也较建筑设计为多。一般城市设计的工作范围涉及都市交通系统、邻里认同、开放空间与行人空间组织等，需要顾及的因素还包含城市气候、社会等，变量众多，使得城市设计的内容较为复杂，另外加上实现城市设计方案所必需的漫长时程，其结果是，城市设计方案与实现成果之间充满着高度不确定性。

事实上，也由于城市设计涉及因素的复杂性，城市设计的手段较为间接，不像建筑设计可以对个别建筑物进行直接掌控。也因此，城市设计这门专业中，所应用的工具与策略与建筑设计差异极大。

1.5.2 控制性详细规划与城市设计的关系

城市设计要在三维的城市空间坐标中化解各种矛盾，并建立新的立体形态系统。而控制性详细规划则偏重于以土地区域为媒介的二维平面规划。因此二者表现出不同的形态维度。

控制性详细规划的重点问题是建筑的高度、密度、容积率等技术数据，依然是数据平衡问题，例如底层架空奖励容积率的做法就是一种典型的规划做法，而城市设计的重点是建筑高度（不同于规划中的高度规定）、室外空间、街墙界面、人车分流的解决方案、整体材质色彩等，例如深圳城市中心区城市设计中的"街墙"、南京河西新城区中心地区城市设计中的"绿轴"。

1.5.3 城市规划与城市设计的关系

在城市空间规划设计实践上，城市规划与城市设计虽然都处理城市空间问题，但是，两个领域在实践中所产生的效能差异非常大。

当代城市设计的主要处理对象是"城市的一部分"。非常常见的情形则是，城市设计工作被镶嵌在更大范围、更长期的城市规划工作之中。当城市规划将城市区域中的各种主要功能区域（商业区、住宅区、文教区、自然或历史保护区等）予以选址之后，城市设计专业便得以接手城市规划未能更为详细处理的工作——在各个特定区块之中，建立其空间组织与其所属建筑体量的整体形构。

城市规划所处理的空间范围较城市设计为大。城市规划工作的空间尺度，不仅超越城市中的分区，还涉及整个城市的整体构成、城市与周边其他都市乡村的关连。城市规划工作经常需要考虑都市在更大范围中的定位，此处所指更大范围，可以指都市群、区域（以区域计划专业角度所认定的区域）、省、国家，甚至国际政经网络，而这些往往是城市设计较少着墨的问题。

举例而言，在处理城市交通系统时，城市设计所面对的问题经常是公交车站或轨道与社区的关系，例如社区居民如何便利安全地往返于住家与公交车站，公交车站在社区生活中的服务功能与其他社会意涵、轻轨轨道与社区景观如何和谐地共构、公交车辆行驶对社区生活的妨碍与防范等；相对的，城市规划专业经常需要考虑大众运输路线所延伸服务的其他城市、郊区或乡村，以及这些地区透过大众运输路线与城市所串连而产生的整体社会现象。

城市设计与城市规划在其他几个方面也有差异：城市设计不需要在互相冲突的城市机能之间决定城市内各分区的土地使用问题，而这是城市规划的核心工作。城市设计专业者比城市规划专业者较少涉入城市政策制定的政治过程；城市规划专业者与城市设计专业者，都需要面对相当广泛的社会、文化、实质空间规划设计议题，其差别主要是在于对象、尺度、程度等的差异。

1.6 城市设计的理论

1.6.1 卡米诺·西特

卡米诺·西特（Camillo Sitte）在《城市建设艺术》（The Art of Building Cities，1889）一书中，运用艺术原则对城市空间的实体（主要是教堂等）与空间（主要是广场空间）的相互关系及形式美的规律进行了深入的探讨，并通过于19世纪末欧洲工业化城市空间的比较分析，对当时欧洲工业化城市空间的平淡、缺乏艺术感染力提出了尖锐的批评，认为工业化城市空间主要有三个体系和若干变体，即矩形体系、放射体系、三角形体系，变体则是这三者混合的产物。从艺术的眼光来看，所有这些都是毫无价值的，没有艺术气息。这些体系除了标准化的街道模式之外一无所成，它们在概念上是纯粹机械性的。在这些体系中，道路系统从来不是服务于艺术目的的工具，它们不具有任何感染力，因为只能从地图上才能看出它们的特征。

卡米诺·西特主要是从视觉及人们对城市空间的感受等角度来探讨城市空间和艺术组织原则。卡米诺·西特认为，现代城市规划的骄傲是圆形广场，没有比这更能说明艺术感情的完全缺乏以及对于传统的蔑视的了，而这是现代城市规划的特征。当围绕这样一个广场步行时，眼前的景象持续不变，使得人们不能知道自己的确切位置。转一个弯就足以使一个陌生人在这种旋转木马似的广场上无所适从，迷失方向。

卡米诺·西特的城市空间艺术原则，是基于城市物质空间形态中，各实体要素之间功能关联及组合关系而得出的，其艺术原则的核心表现在注重整体性，注重关系，注重关联的内在性。

卡米诺·西特的城市空间艺术原则有其历史局限性，正如亚瑟·霍尔登（Arthur Holden，1945）所言，西特从未体验过摩天大楼。他未必曾经想到过我们的城市有朝一日会为高层建筑的巨大体量所充塞。

1.6.2 凯文·林奇

凯文·林奇（Kevin Lynch）是从探求城市的形式、结构和组织开始的，《关于对城市满意情况的记录》(Notes on City Satisfaction, 1953) 是 1952—1953 年间他在欧洲考察时对于有关城市理论基础的回答。在《城市的形式》(The Forms of Cites, 1954) 一文中，他从历史和形态的角度对城市形式的不同属性进行了探讨，例如城市的大小、密度、特征和模式等。

凯文·林奇的城市美不仅指构图与形式，而是将之分解为人类可感受的城市特征，如易识别、易记忆、有秩序、有特色等。他对于人们对环境的感知与体认有着格外的重视，并认为，好的城市形式也就是这种感知和体认比较强烈的城市形式。林奇 1959 年出版《城市意象》(The Image of the City) 一书，从视觉心理和场所的关系出发，利用居民调查和实地体验的方法，研究使用者认知图式 (Cognitive Map) 与城市形态的关系，从而确定了一种全新的城市分析与设计方法。

凯文·林奇指出：市民一般用五个元素，即路径、边界、节点、地区和标志来组织他们的城市意象。

（1）路径 (Path)：观察者习惯或可能顺其移动的路线，如街道、小巷、运输线。其他要素常常围绕路径布置。

（2）边界 (Edge)：指不作道路或非路的线性要素，"边"常由两面的分界线，如河岸、铁路、围墙所构成。

（3）区域 (District)：中等或较大的地段，这是一种二维的面状空间要素，人对其意识有一种进入"内部"的体验。

（4）节点 (Node)：城市中的战略要点，如道路交叉口、方向变换处，或是城市结构的转折点、广场，也可大至城市中一个区域的中心和缩影。它使人有进入和离开的感觉。

（5）标志 (Landmark)：城市中的点状要素，可大可小，是人们体验外部空间的参照物，但不能进入。通常是明确而肯定的具体对象，如山丘、高大建筑物、构筑物等。有时树木、招牌乃至建筑物细部也可视为一种标志。

1.6.3 黑川纪章

（1）城市的生命时代

黑川纪章认为，城市也不是简单的建筑拼凑与堆砌，它也有可能产生变异。在构思建筑与城市时，考虑跳跃性的空间及规模，是非常必要的。譬如，属于建筑范畴的广场、道路，以及建筑内部的中庭等，一跃而成为城市的一个组成部分，这不正是某种变异在发挥着作用吗？

（2）新陈代谢理论

新陈代谢理论由两个基本原理构成。第一个原理是通时性 (Diachronicity)，第二个原理是共时性 (Synchronicity)。

通时性意味着时间的变化。在建筑及城市空间中，导入这种变化的过程是新陈代谢的第一个原理。我们不能把建筑当作建成之后就固定不变的东西，而应当把它看作是从过去到现在，以至于未来，一直变化下去的一个过程。

共时性，即不同文化的共生。直至目前，西方文化仍然是最先进的文化。落后的诸国以及发展中的国家都在追随着这种文化，当然，各国处在各自不同的发展阶段。该观点的依据，是经济学领域中罗斯特的"经济发展阶段说"。从发展图式来看，当今世界将会逐渐地被西方文化所同化、统一。过去，人们认为，世界应该根据西方文化的价值标准，去制造一元化的世界文化，这才是理想的文化。

对这种同一化的建筑提出异议的，就是新陈代谢的第二个理论，即空间的共时性。戴维·斯特劳斯的结构主义，发现了这样一种结构，即世界上的各种文化并不存在于统一的发展阶段之中，他们以各自的意义自律着，在世界的空间中相互关联。这样来看，西方文化也并不具备绝对的优势，而只是具有相对的优势。人们已经能够认识到，只有多种文化的存在、不同文化的共生，才是丰富多彩的。这种面向不同文化的精神距离的等价性，就是空间的共时性。支撑现代建筑的西方的同一性文化的时代已经终结，而利用各种不同的文化脉络来建造建筑，已经成为可能。

思考练习题

1. 城市设计的定义是什么？
2. 城市设计的特征有哪些？
3. 城市设计和城市规划、建筑设计的关系怎样？
4. 凯文·林奇指出的城市意象的 5 大要素是什么？

2

城市设计的基本知识

教学要求

通过本章的学习，理解城市空间的含义，掌握城市空间的基本设计思想。

教学目标

能力目标	知识要点	权重	自测分数
理解城市空间的含义	广义与狭义的区别	15%	
掌握城市空间的类型	围合和占领	20%	
了解城市空间与经济、工程技术	城市空间和两者的关系	20%	
了解城市空间与思想文化意识	城市空间如何反映人的意识形态	20%	
了解城市空间与自然	城市空间和自然的关系	25%	

城市形体环境(Physical Environment)是由各种实体即建筑物、构筑物、道路、树木等构成的。由这些实体组成的外部空间即可称为城市空间。狭义地说，一栋建筑和另一栋建筑组成的空间即可称为城市空间。一栋建筑加一栋建筑并不等于两栋建筑，它们形成了一个第三者，即一个室外空间。一条街道，一个广场或城市中心区以至整个城镇，则是领域更大的城市空间。

现代城市设计和建筑设计都以实体(Mass)和空间(Space)为两个基本要素。但空间往往容易被人们忽视，特别是城市空间，虽然人们天天生活在其中，但它常常成为设计或建设中缺乏关注的"空白地带"。

在现代城市建设中，建筑分属于许多团体和个人。一方面建筑师只能单独地设计他的甲方（或业主）所要求的那一栋建筑，另一方面城市规划管理部门往往只能在用地性质、建筑层数或建筑与红线的关系上作出某种规定。实际上在我国许多城镇虽有这一类规定，但在执行时并不很严格。在这种情形下形成的城市空间通常是没有经过精心设计的，因而空间质量往往难以令人满意。在城市规划与建筑设计之间存在着一个经常空白的中间地带，这就是城市设计。

2.1 城市空间的构成

空间和实体是相互依存，不可分割的。设想如果一个美丽的广场周围的建筑都沉入地下而失去了支持它的广场空间，那么建筑和广场都失去了意义。现代城市中有这么多的建筑实体，但往往缺少空间感或失去了空间，也就是说，只有实体但没有处理好实体与空间的关系，也不能构成良好的城市空间。

城市空间虽然千变万化，但基本上是由以下两种方式构成的：

（1）实体围合，形成空间（图2—1）。

（2）实体占领，形成空间（图2—2、图2—3）。

由于城市这一人造环境是密集型的聚居环境，城市空间大多是由围合形成，也可以说是由封闭而形成的。但是围合与占领的构成方法也是相对而言的。常常是相辅形成，互相渗透交错。例如当我们在天安门广场上时，由广场中心的人民英雄纪念碑旁环视整个广场，我们认知到它是一个围合的空间。而当我们由广场四周走向纪念碑时，四周的建筑在视野中逐渐消失，我们认知到这里是由纪念碑的占领而构成的空间。这些认知的叠加形成我们对整个广场的印象（图2—4）。又如承德的外八庙，当我们进入每一组庙宇建筑群内部时，都能感受到一组组围合而多彩变换的空间系列，而当我们在避暑山庄的小城墙顶部远眺外

图2—1 **实体围合形成空间（左）**
图2—2 **实体占领形成空间（中）**
图2—3 **实体占领形成空间（占领物之间张力产生空间感）（右）**

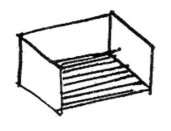

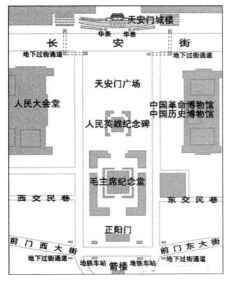

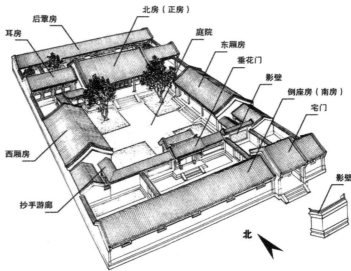

八庙时，则可以看到由墙围合的一组组庙宇建筑群依偎在开阔的背影——绿色的山坡上，呈现为壮观的占领性的空间。因此，从建筑群内部看它们是实体围合形成的空间，从外部看又成为由实体占领形成的空间。我国古代许多优秀的人造环境设计都成功地运用了这些空间构成的方法。

创造城市空间可以使用的实体要素非常多，包括建筑、树木、地面、水面、墙体、灯杆、座椅等。运用这些实体要素，通过以上两种方式可以构成种种不同尺度、形状，不同形象，不同特征和气氛的城市环境。

围合构成的空间使人产生向心、内聚的心理感受。例如我国传统的四合院住宅（图2-5），使居住者得到强烈的内聚、亲切、安定的感受。由实体占领构成的空间使人产生扩散、外射的心理感受。我国许多建在山顶的塔，使人们感到巨大的辐射力，它主宰着周围的山峦和天空。例如南京城中的鸡鸣寺，原先在城市空间中并不显得突出，而当鸡鸣寺塔建成之后，不仅丰富了这一景点本身的轮廓线，而且在邻近的玄武湖内、城市街道以及市政府大院内、东大校园内，都可见到塔的优美形象，成为一个标志物，使人强烈地感觉到它主宰周围的辐射力（图2-6、图2-7），同时，它也成了市民登塔鸟瞰城市的制高点。

图2-4 天安门广场平面图（左）

图2-5 四合院平面图（右）

图2-6 南京鸡鸣寺（左）

图2-7 南京鸡鸣寺（右）

几个占领性的实体相互如具有适当的尺度关系，也可以在各占领空间之间形成一种张力，它们可以共同限定一个空间。设想在城市广场的一角，如有一块与广场不同颜色的铺地，铺地四周有几根灯杆，这就使人产生了一个空间领域的感觉。

因此，用这两种不同的方法构成空间并产生不同的心理感受效果，是我们在城市空间设计中可以有意运用的手段。

不论是"围合"还是"占领"，都是构成空间的积极手段。关键还在于如何围合和如何占领。因为并非任何实体的围合都能产生良好的空间感，如果处理不当也可能造成压抑、闭塞等令人不愉快的空间感受，或者即使围合了却得到一个缺乏空间感的结果；同样，占领的处理不当也可能产生散乱等消极后果，这与整个占领的实体与周围空间的尺度关系和相对位置的处理等因素有关。下面的章节里还将论述到有关的处理手法问题。

2.2 城市空间与经济、工程技术

经济生活是城市空间的重要内涵，而经济及工程技术的发展又为城市建设提供了必要的条件。现代经济及工程技术的发展给城市建设带来巨大的活力，同时也带来重重矛盾。在追求妥善解决这些矛盾的过程中，新的城市空间形态往往能应运而生。为了排除汽车交通给居住环境带来的危害，美国西萨·佩里（C.A.Perry）首先提出邻里单位这一居住概念就是一例。现代城市商业街道和商业中心的空间形态的发展，也充分反映了经济、工程技术发展与空间形态的关系。

近代西方国家商业中心的发展经历了三个进程：首先，在步行和马车为主的时期，城市中建了一些尺度小而亲切的步行商业街道；第二步，在20世纪初汽车交通大发展以后，建设干道商业街，即沿城市主要道路发展绵延两侧的商业街道，由于街道环境恶化，有的后来也逐渐消亡了，致使商店迁移，街道进行改造；第三步，发展新的步行商业街道，它们与汽车交通线路相衔接，改善了商业中心的环境。随着私人汽车占有量的增多，随后又发展了城市郊区岛式的商业中心，即大片海洋似的停车场包围的室内或室外岛状商业中心，而原有的城市商业中心渐渐衰弱；为复兴、重建原有城市中心，又着手改建各类步行街道，包括全步行街、半步行街等，从平面人车分流发展到立体人车分流。随后，又由新建或改建个别步行商业街发展为比较普遍地建设城市中心步行系统及车行（包括停车）系统，为城市居民的商业及文化活动、物质及精神需要，为密切人与人之间的社会联系提供场所及条件。这一空间形态的发展过程贯穿着一条线，即既充分利用现代交通技术，构成现代商业中心所必备的动态及静态交通系统，同时又向"汽车"夺回人所必需的城市空间，使为人活动的空间占主导地位。

城市土地制度和政策也极大地影响着城市空间的形态。土地投机和向城市土地榨取高额利润都导致了世界上许多恶劣的城市空间的产生。城市房地产事业的经营管理制度、政策也直接影响着城市环境。

2.3　城市空间与思想意识文化

城市空间不同于自然的空间，它是人造的产物。在一定的自然、社会和经济条件下，人有意识、有计划地或是自发地建造着城市，所以它必然受到人的思想意识和文化的支配。这种意识、文化通过领导阶层的作用，也体现为当地城市建设的方针政策，以及反映领导人对设计方案的好恶和舍取。在设计者本身则体现其设计中的指导思想以及方案的构思。

历史上已建成的许多城市空间，不仅表现了当时的工程技术水平，也充分反映了当时的社会生活、思想意识和文化。中国的许多四合院住宅群，充分反映了当时的封建家庭结构、家族意识和伦理意识。我国一些古代都城的布局同样反映了以天子为中心，帝王一统天下的皇权专制思想。唐长安城由城市到各街坊，到各住宅院落，均用城墙、围墙加以围合，构成非常封闭的空间系统，反映了当时朝廷对民众的防卫思想及由此而设的管理制度。每日敲〝净街鼓〞以警告百姓不得再停留于街道，晚上人们只好回到街坊、院落的围墙内，不再外出。这种封建社会时期的里坊制对我国古代城市空间形态产生了很大影响。

现代的民主意识也同样反映在现代的城市空间建设上。许多国家用容积率奖励的办法，鼓励建设为民众使用的城市公共空间，如小广场、小游园等即为一例。有些作为首都的城市，强烈地反映了国家意识、民族意识，通过城市的形象表现国家的尊严和气魄。我国首都北京、澳大利亚首都堪培拉、巴西首都巴西利亚等都具有这样的表现力。

总之，形体环境的建设都离不开它的社会文化背景。芬兰著名建筑师伊利尔·沙里宁说过：〝让我看看你的城市，我就能说出这个城市居民在文化上追求的是什么。〞他所指的居民应该包括城市的设计者和领导人。我们曾在一个风景名城的旅馆中偶遇一工厂女职工，在闲聊之中她大发议论：〝我看这里的市长缺乏艺术修养，把房子盖得这么高，这么好的山水都给破坏了〞。此话却也发人深省。

近年来，由于对城市历史遗产采取历史唯物主义的观点，国家对历史名城的保护制定了正确的政策，全国经国务院批准的历史文化名城已有上百个，许多地方领导人建立了保护的观念，因此控制与保护了一些历史形成的城市环境。而过去在错误的观念指导下，毁坏了不少宝贵的文化遗产。所以一念之差却能给城市带来不同的后果。一个好大喜功的观念可能导致一个小城市建设 100m 宽的大马路，而浪费掉有限的财力物力，一种追求纯净的观念则可能导致城市生活的贫血症。思想观念是城市空间形成的重要动因。可以说，城市形体环境是一个城市的物质文明和精神文明的空间表现形式，它本身也是物质文明和精神文明的积淀而形成的巨大财富，这一财富的价值高低反映了两个文明的程度。

2.4 城市空间与自然

城市空间这一人工环境与大自然相互依存，构成原生环境与次生环境组成的生态系统。

城市空间应该是由它所处的自然地理条件下生长出来的，不仅在生态上与自然环境呈平衡关系，而且从形态上呈有机的联系，而不是强加上去的。

捷克斯洛伐克首都布拉格的城市空间形态，体现了人造环境与自然地理环境卓越的和谐及相互强化。该城位于伏尔塔瓦河两岸，东岸为"老城"，西岸为"小城"，有查理士桥连接（图2-8）。沿河两岸为矮丘。该城在山丘上建有城堡、教堂，其高耸入云的天际线与建于平地居住街区的水平线对比，强化了地形特征。查理士桥被设计处理为这一优美环境的焦点，人们不仅从桥上可以体验整个城市的形象和特殊气氛，同时也可欣赏桥本身这一艺术作品，高耸的桥门楼以及沿桥栏而建的座座雕塑均为艺术佳品。人们在这一场所，可领略它聚合着的丰富的环境及历史、文化意义。

澳大利亚堪培拉城，利用自然地形地貌而又在山水之间装点，使这座城市更加多姿多彩，舒适优美，看起来宛如是由那块土地上生长出来的。

我国皖南黟县宏村，是表现和加强其形体环境的自然地理特征的佳例。这个经风水师勘察和经营布局的村落，不仅选择了依山面水的优越自然环境，而且在村落内布置了层层空间，创造了人工水体——在村口及村的核心建设了开阔的水面；又以象征着牛肠的小溪贯穿全村和村内外的水面。水系成为村落空间的纽带，将自然引入，在村内处处可见山水、屋宇交相辉映。人向往自然的本能在这里得到最大的满足。它不是强制地征服自然，而是尊重自然，与它进行亲切的对话。

当城镇或村落规模比较小，与自然比较接近，两者的关系就容易融洽。而现代城市的规模日益扩大，人工环境与自然环境愈来愈远离，加之城市用地紧张，地价上涨，挖山建屋、填河修路、砍伐树木的事件屡屡发生，城市建设

图2-8 查理士桥

破坏自然环境的事件历历可数。这些不但是对生态环境的破坏，同时也失去了许多创造城市特征的机会，或是抹煞了这一城市已有的自然地理特性。

我国江苏省镇江市是国家级历史文化名城，它三面山峦起伏，一面大江横陈，自然地理条件优越。古人在其山水之间创建了城市，创建了沿江著名的三山风景区，这是该城市的象征，也是当地人民心目中的骄傲。但在过去的城市建设中，在一定程度上破坏了这一环境特征。今后该市建设的步伐将进一步加快，如何保护和加强其自然地理特征则成为很棘手的问题。我国许多城市都面临着同一问题，即如何控制和引导城市形体环境的建设，使其与自然环境融洽地、有机地结合。

近几十年来人民不断寻求新的城市空间形态，以协调人造环境与自然环境的关系。例如建设城市绿环（Green Belt）已成为愈来愈多被采用的方法之一。安徽省合肥市利用拆除的古城墙遗址及护城河，规划并建成了城市绿环，同时还保留城市外围的田园以及地基较软的用地为绿地，构成三块楔入城市的绿楔与绿环相接，形成了宛如风扇的三叶片式的城市空间形态，被描述为"三翼伸展绕廊外，翠环缀珠佩旧城"。合肥的城市空间形态堪为佳例。

除了在城市整体空间形态上力求体现其自然地理特征外，在建筑形式或建筑群的空间形态上，以及在城市中树种的选择等方面体现这一特征也很重要。在一些有特殊地理环境意义的城镇，甚至还可以建设纪念物或标志物来表现其地理特征。例如，在我国广东省封开县江口镇建成的北回归线标志塔，代表着它的地理特征以吸引游人。在赤道线通过的厄瓜多尔加利镇建设的赤道纪念碑、广场及附近的建筑群，则成为拉丁美洲的游览胜地和人们歌颂太阳的场所。正因为这个"世界中央城市"的建造，有力地表现了它的地理特征，因此也创造了该镇的文化及经济价值。

2.5　城市空间与时间

大多数城市是"长寿"的。我国许多城市都已有一千多年甚至两千多年的历史，今天还在不断更新，延续着它们的生命。城市不像一栋建筑那样在较短的时间内可以建成，城市建设的时间跨度往往很大，而且始终处于新陈代谢的过程之中。各个时代、各个年代的设计者、建造者一代又一代地塑造着城市空间。城市好像一部由许多作家合作撰写的长篇小说，一章接一章延续着。如果把城市比作一部交响乐，每个时期的设计者、建筑者都为它谱写着新的乐章，也许是好的，也许是坏的。对整个城市是如此，对局部的建筑群也往往如此。

意大利著名的圣马可广场，从公元 9 世纪起直到 18 世纪，经过多次改建、增建。但每一步改建和增建都努力保持整个广场的和谐统一，并使之趋向更完美。它是若干代人共同创作的精品。

除了设计一个全新的城市以外，城市设计师和建筑师经常是在前人的后面，继续塑造城市空间，因此需要考虑和尊重前人包括也许是古人或是几年前的某一设计者已经塑造的环境与新设计环境的关系。前者也许是好的，也许是差的。无论如何，对怎样处理与已有建筑和环境的关系都应作出慎重抉择。

埃德蒙·培根（Edmond Bacon）在他的《城市设计》（Design of Cities）一书中所阐述的"下一个人的原则"（Principle of The Second Man）是颇有启发性的。他以意大利佛罗伦萨亚南泽塔广场的设计过程为例阐明了这一原则：该广场的第一位设计者设计了右侧的育婴堂建筑，它建成于 1427 年；第二位设计者肯定了前者创造的形式，决定与之协调，采用了相同的拱廊，因为是教堂建筑，只做了些不同的处理，教堂完成于 1454 年；第三位设计者终于决心不表现他自己，而随从第一人创造的形式，最终构成了一处完美的广场，它完成于 1629 年。（图 2-9 ～ 图 2-11）在 202 年期间，先后 3 位设计者却和谐地共同塑造了同一个城市空间。当然这个例子并不意味着后者必须要采用与前者相同的形式，其实质在于重视评判前者，并使两者有协调的关系。培根说："正是下一个人，他要决定是否将第一个人的创造继续推向前去还是毁掉。"

著名建筑师贝聿铭先生设计的华盛顿美国国家艺术馆东馆及法国巴黎卢浮宫的地下扩建工程都体现了这个原则，成了当代举世公认的精品。

贝聿铭先生曾说："我们只是地球上的旅游者，来去匆匆，但城市是要永远存在下去的。"因此他的创作态度是极其严肃认真的。我们当代的城市规划师、城市设计师和建筑师都要在自己的创作实践中努力为城市"锦上添花"，而绝不是"将遗憾留给人间"。

城市空间是实体与空间构成的时、空的连续体。城市空间所表现的是在一定时间跨度内的物质与文化的多样性，这正可以使人感受到它跳动的脉搏和生气。只有在个别情况下才会有完全作为博物馆式的，展现某一个固定时代的城市环境。

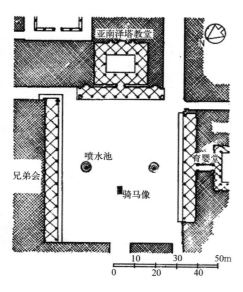

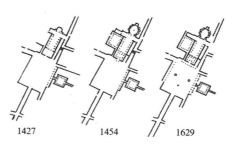

图 2-9 佛罗伦萨亚南泽塔广场平面图（左）

图 2-10 亚南泽塔广场演变图（右）

图 2-11 亚南泽塔广
场视景

思考练习题

1. 城市空间的定义是什么？
2. 城市空间的类型有哪些？
3. 城市空间与自然的关系？

3 城市设计的构成元素

教学要求

　　通过本章的学习，掌握城市设计的构成元素包括的内容，理解城市构成要素与城市设计的构成元素的区别和联系。

教学目标

能力目标	知识要点	权重	自测分数
掌握城市设计的构成元素	城市要素系统关系的归纳和总结	70%	
理解城市构成要素与城市设计的构成元素的区别和联系	现实地存在于城市中的和根据城市形态和空间环境构成与发展的特征而确定的城市设计的研究对象	30%	

城市设计的构成元素是城市设计的主要对象。在城市设计领域中，构成元素一般是指物质形态中那些视觉范围内的内容，如建筑、地段、广场、街道、公园、环境设施、公共艺术、建筑小品、花木栽植等。根据雪瓦尼教授在《城市设计过程》一书中的归纳，城市设计的构成要素大致如下：土地使用、建筑形态及其组合、交通与停车、步行街区、开放空间、活动支持、标志与标牌、保护与改造。

3.1　土地的使用

城市土地利用的功能布局的合理与否，同城市的运营效率和环境质量休戚相关。土地使用的设计过程包括三个步骤：第一，根据上位规划（如区域规划、总体规划）、基本目标和预先的分析研究，建立土地开发设计的特定目标；第二，为所需要的土地使用建立特定标准，特别需要注意实施的可行性和使用的充分性；第三，依据目标和标准确定土地使用格局，展开规划设计。在城市设计中，它主要考虑以下三方面的内容。

3.1.1　土地的综合使用

特定地段中各种用途的合理交织是指某城市用地地界内的空间功能使用和占有的情况。理论上说，设计应尽可能让用地最高合理容量的占有率保持相对不变，以充分利用城市有限的空间资源（图3-1）。

时间和空间是土地综合使用的基本变量。城市设计必须从人的社会生活、心理、生理及行为特点出发妥善处理这一问题，尽量避免和尽量减少土地在时间和空间上的使用〝低谷〞。林奇是第一位将时间耗费与空间使用联系起来的

图3-1　东京涉谷车站附近，国铁、私铁和地面公交、一般汽车交通、人行的空间组织

学者。他曾经认为,街道设计涉及现存城市,它应表达一种对于不同的空间使用、时间及对于所需活动重新适应的探求。街道设计可以有多功能使用的可能,如用作游憩场地、开发利用屋顶、改造再利用废弃建筑等。综合利用的另一含义是对设计用地进行必要的调整,对用地进行地上、地下、地面的综合开发,以建筑综合体的方式来提高土地使用效率。

3.1.2 自然形体要素和生态学条件的保护

自然形体和景观要素的利用常常是城市特色所在。河岸、湖泊、海湾、旷野、山谷、山丘、湿地等都可以成为城市形态的构成要素,设计师应该很好地分析城市所处的自然基地特征并加以精心组织(图3-2、图3-3)。

历史上许多城市大都与其所在的地域特征密切结合,通过多年的苦心经营,形成个性鲜明的城市格局。同时,不同自然生物气候的差异亦对城市格局和土地利用方式产生很大的影响。如湿度较大的热带和亚热带城市的布局,就可以开敞、通透,组织一些夏季主导风向的空间廊道,增加庇护的户外活动的开放空间;干热地区的城市建筑为了防止大量热风沙和强烈日照,需要采取比较密实和"外封内敞"式的城市和建筑形态布局;而寒地气候的城市,则应采取相对集中的城市结构和布局,避免不利风道对环境的影响,加强冬季的局部热岛效应,降低基础设施的运行费用。

今天虽然许多人已经认识到自然要素的影响,但实践仍常有一些显见的失误,以致破坏了土地原有格局和价值。麦克哈格曾指出,过去多数的基地规划技术都是用来征服自然的,但自然本身是许多复杂因素相互作用的平衡结果。砍伐树木、铲平山丘、将洪水排入小山沟等,不但会造成表土侵蚀、土壤冲刷、道路塌方等后果,还会对自然生态体系造成干扰。事实上,城市化进程一定程度上都是对大自然的破坏。

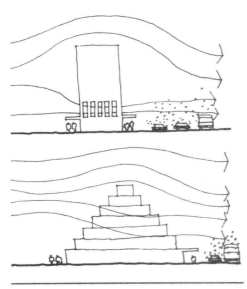

图3-2 城市设计中的
通风处理(左)
图3-3 从长江公园入
口看中环(右)

3.1.3 基础设施

狭义的城市基础设施概念是指市政工程、城市交通及电力通信设备等；广义的城市基础设施概念则还包括公路、铁路及城市服务事业、文教事业等。基础设施既是城市社会经济发展的载体，又是城市社会经济发展和环境改善的支持系统，其发展应与城市整体的发展相互协调、相辅相成。

近年，我国较大幅度地提高了城市基础设施的投资和建设力度，为城市的社会经济发展和环境品质的改善及提高奠定了良好的外部条件。全国各大城市都把城市交通道路建设、地铁线路的规划和建设提到了重要的议事日程上，并已经收到了明显的成效。

基础设施在城市土地使用中具有投资大、建设周期长、维修困难等特点，而且常常是比城市形体空间设计先行的步骤，一旦形成，改造更新就比较麻烦，而良好的基础设施往往又是城市建设开发的重要前提。

基础设施概念在当代又有了新的认识和发展，一些专家认为，城市中那些对保持水及空气的清洁和废物循环等自然过程具有重要作用的元素，如公园、郊野用地、河流廊道、公共设施廊道以及空置用地等，可以被看作是城市的绿色基础设施。这些绿色基础设施因其类自然系统的属性维护了城市环境的生态学品质，同时也具有游憩和审美的功能和价值。

3.2 建筑形态及其组合

3.2.1 建筑形态与城市空间

建筑是城市空间最主要的决定因素之一。城市中建筑物的体量、尺度、比例、空间、功能、造型、材料、用色等对城市空间环境具有极其重要的影响。广义的建筑还应包括桥梁、水塔、护堤、电视通讯塔乃至烟囱等构筑物。城市设计虽然并不直接设计建筑物，但却在一定程度上决定了建筑形态的组合、结构方式和城市外部空间的优劣，尤其是就视觉这一基本感知途径而言。城市设计直接影响着人们对城市环境的评价。城市空间环境中的建筑形态至少具有以下特征：①建筑形态与气候、日照、风向、地形地貌、开放空间具有密切的关系。②建筑形态具有支持城市运转的功能。③建筑形态具有表达特定环境和历史文化特点的美学含义。④建筑形态与人们的社会和生活活动行为相关。⑤建筑形态与环境一样，具有文化的延续性和空间关系的相对稳定性。

通常，建筑只有组成一个有机的群体时才能对城市环境建设做出贡献。吉伯德曾指出："完美的建筑物对创造美的环境是非常重要的，建筑师必须认识到他设计的建筑形式对邻近的建筑形式的影响。""我们必须强调，城市设计最基本的特征是将不同的物体联合，使之成为一个新的设计，设计者不仅必须考虑物体本身的设计，而且要考虑一个物体与其他物体之间的关系。"也即我们常讲的"整体大于局部"。

因此，建筑形态总的设计原则大致有以下几点：

(1) 建筑设计及其相关空间环境的形成，不但在于成就自身的完整性，而且在于其是否能对所在地段产生积极的环境影响。

(2) 注重建筑物形成与相邻建筑物之间的关系，基地的内外空间、交通流线、人流活动和城市景观等，均应与特定的地段环境文脉相协调。

(3) 建筑设计不应唯我独尊，而应关注与周边的环境或街景一起，共同形成整体的环境特色（图3-4、图3-5）。

图3-4 广州黄埔大道西上错落有致的街景（左）

图3-5 西安鼓楼前统一中有变化的街景（右）

3.2.2 城市设计对建筑形态及其组合的引导和管理

从管理和控制方面看，城市设计考虑建筑形态和组合的整体性，乃是从一套弹性驾驭城市开发建设的导则和空间艺术要求入手进行的。导则的具体内容包括建筑体量、高度、容积率、外观、色彩、沿街后退、风格、材料质感等。城市设计导则可以对建筑形态设计明确表达出鼓励什么、不鼓励什么及反对什么，同时还要给出可以允许建筑设计所具有的自主性的底线。

例如，培根在主持旧金山的城市设计中，首先分析出城市山形主导轮廓的形态空间特征，并为市民和设计者认可，然后据此建立城市界内的建筑高度导则，"指明低建筑物在何处应加强城市的山形，在何处可以提供视景，在何处高大建筑物可以强化城市现存的开发格局"。类似的，建筑体量也可通过导则所建议的方式来反映城市设计的文脉。又如，美国长滩城市设计强调了以外部空间为主体的城市视觉环境与设计关联框架的协调一致。

有时也可提出一种宏观层面的"城市设计概念"来实施建设驾驭。如培根提出运用于费城中心区开发设计和实施的"设计结构"概念，它为引导建筑设计和所有其他"授形的表达"提供了"存在的理由"。

总的来说，现代城市设计与传统城市设计相比，更加注重城市建设实施的可操作性，也更加注重建筑形态及其组合背后隐含着的社会背景和深层文脉。

3.3　开放空间

3.3.1　开放空间的定义和功能

开放空间是城市设计特有的，也是最主要的研究对象之一。在当代人口日益稠密而土地资源有限并日益枯竭的城市中，开放空间显得特别稀有而珍贵。如何在城市空间环境中为人们方便可及的地方留出更多、更大的户外和半户外的开放空间，增加人们与自然环境接触的机会，应成为城市建设各级决策机构和城市设计专业工作者在改善城市环境品质方面的当然任务。

关于开放空间的概念和范围，国内外有不尽相同的说法。

查宾指出："开放空间是城市发展中最有价值的待开发空间，它一方面可为未来城市的再成长做准备，另一方面也可为城市居民提供户外游憩场所，且有防灾和景观上的功能。"

塔克尔认为："开放空间是指在城市地区的土地和水不被建筑物所隐蔽的部分。"

林奇也曾描述过开放空间的概念："只要是任何人可以在其间自由活动的空间就是开放空间。开放空间可分两类：一类是属于城市外缘的自然土地，另一类则属于城市内的户外区域，这些空间由大部分城市居民选择来从事个人或团体的活动。"

艾克伯则指出："开放空间可分为自然与人为两大类，自然景观包括天然旷地、海洋、山川等，人为景观则包含农场、果园、公园、广场与花园等。"

综上所述，开放空间意指城市的公共外部空间。包括自然风景、硬质景观、公园、娱乐空间等。

一般而论，开放空间具有四方面的特质：①开放性，即不能将其用围墙或其他方式封闭围合起来。②可达性，即对于人们是可以方便进入到达的。③大众性，服务对象应是社会公众，而非少数人享受。④功能性，开放空间并不仅仅是供观赏之用，而且要能让人们休憩和日常使用。

开放空间的评价并不在于其是否具有细致完备的设计，有时未经修饰的开放空间，更加具有特殊的场所情境和开拓人们城市生活体验的潜能。城市开放空间主要具备以下功能：①供公共活动使用的场所，提高城市生活环境的品质。②维护、改善生态环境，保存有生态学和景观意义的自然地景，维护人与自然环境的协调，体现环境的可持续性。③有机组织城市空间和人的行为，行使文化、教育、游憩等职能。④改善交通，便利运输，并提高城市的防灾能力。

相比之下，开放空间对于公共活动和生活品质的支持作用体现了人们在社会文化和精神层面的追求，而其负载的生态调节和防灾功能直接涉及安全和健康的基本要求。开放空间对热、风、水、污染物等环境要素的集散运动及空间分布具有正面的调节作用，有利于从源头上减少危及安全和人体健康的致害因素，降低热岛效应、洪涝、空气污染等城市灾害的风险水平；片区组团间绿地、卫生防护绿地、滨水空间、建筑之间的室外场地等缓冲隔离开放空间能够为相应的建筑和区域提供有效的外防护屏障，降低噪声等物理环境要素的危害程度，抑制火灾等灾害的蔓延；而与防灾空间设施紧密结合的开放空间是地震、街区大火等城市广域灾害的疏散避难、救援重建等防救灾活动的主要空间载体。不论在城市总体还是在局部环境中，开放空间系统对于提升城市空间环境的容灾、适灾能力，降低灾害损失，具有不可替代的作用。

3.3.2　开放空间的特征

大多数开放空间是为满足某种功能而以空间体系存在的，故连续性是其特征。林奇在《开放空间的开放性》一文中指出，开放空间因它开阔的视景，强烈对比出城市中最有特色的区域，它提供了巨大尺度上的连续性，从而有效地对城市环境品质与组织做了很清晰的视觉解释。开放空间一般分为两类：单一功能体系和多功能体系。

（1）单一功能体系

以一种类别的形体或自然特征为基础形成的空间体系，如河谷；或开发设计的某类专属功能的开放空间，如公园。其中由城市街道、广场和道路构成的廊式空间体系是最为典型的此类体系。加拿大多伦多滨湖区的河谷廊道开放空间、横滨的大冈川滨水地带、我国合肥和西安的环城公园均属于此类开放空间。

（2）多功能体系

大多数开放空间体系其实都是集多功能于一身的，像各类建筑、街道、广场、公园、水域等均可共存于该体系中。美国在圣安东尼城内的城市改造中，便对流经全城的圣安东尼河展开了包括自然生态保护、景观保护和创造、功能调整和基础设施完善在内的综合城市设计，并取得成功。这一项目的焦点虽在城市中心区这一段，但具体设计的着眼点却是整个城市沿河地区的各类建筑与外部空间环境的关系，涉及众多功能要素和专业领域。

开放空间及其体系是人们从外部认知、体验城市空间，也是呈现城市生活环境品质的主要领域。今天，开放空间已经超越了建筑、土木、景观等专业领域，而与社会整体的关系越来越密切。开放空间的组织需要政策，需要合作，在考虑较大范围的开放空间时，应与城市规划相结合。

3.3.3　开放空间的建设实践

在实践中，开放空间设计比较注重公众的可达性、环境品质和开发的协调。同时，设计亦已经从传统的注重规划主体的效率与经济利益转向重视综合的环境效益。

在一些西方国家，对城市开放空间的规划设计一向非常重视，除了景观和美学方面外，对开放空间在生态方面的重要作用认识亦比较早。早在19世纪，美国景观建筑师唐宁就认识到了城市内部开放空间的必要性，并提议建立公园。他还建议将郊区建成连接城市与乡村的中间地带，并得到了建筑师和园林专业人士的支持。同时，西方国家还把城市开放空间看作是城市社会民主化进程的

图 3-6　丹佛中心区开
　　　　放空间体系（左）
图 3-7　香港公园开放
　　　　空间景观（右）

物质空间方面的重要标志，甚至用法律的形式将其固定下来，每个人必须遵守（图 3-6、图 3-7）。

　　近些年来，英国以生态保护、资源利用及环境灾害防治为主要目标，强调将城市绿带、蓝带、公园、林荫道、公共绿地等开放空间连接为整体系统。德国从区域、城市、分区、居住区、建筑各个层面对私人及公共开放空间进行保护、抚育、恢复和品质的全面提升，发挥其生态、环境、美学、休闲娱乐的综合效益。日本主要针对地震及地震引发的火灾，积极推进灾害隔离带及以"防灾公园"为代表的防灾避难救援场所的建设，并结合对建筑间距、空间布局形态等要素的控制提升地段、街区到城市总体的防救灾能力。上述实践全面拓展了对于开放空间多维功能属性的认识及其社会、生态、防灾等综合效益的开发利用。

　　今天，开放空间作为城市设计最重要的对象要素之一，其以往概念定义今天又有了新的发展。如纽约中心区相互毗邻的索尼大厦和国际商用机器公司总部、中国香港汇丰银行、横滨 MM21 地区都设有城市与建筑内外相通的连续中庭空间，这种空间形式上虽有顶覆盖，但其真正的使用和意义却属于公众可达的城市公共空间，这一概念的发展为开放空间的设计增加了新的内容。

　　在城市建设实施过程中，开放空间一方面可以用城市法定形式保留；另一方面，更多的则是通过城市设计政策和设计导则，用开放空间奖励办法来进行实际操作，这种办法在美国纽约、日本横滨等城市运用都已经非常普遍，环境改善效果非常显著。

3.4　人的空间使用活动

3.4.1　人的环境行为

　　人的行为是在实际环境中发生的。特定地段的空间形式、要素布局和形象特征会吸引和诱导特有的功能、用途和活动，而人们的心理又可能寻求适合于自己要求的不同的环境。行为也趋向于设置在最能满足其要求的空间环境中，只有将活动行为安排在最符合其功能的合适场所，才能创造良好的城市环境，环境也因此而具有场所意义。

人在城市空间环境中的行为活动与感知一直是城市设计关注的重要问题，城市设计空间和人的行为的相互依存性构成了城市设计的又一要素，国外也有学者把此称为关于行为支持的城市设计（图3-8、图3-9）。在学科专业属性上，除了与城市设计，它还与环境心理学、环境行为学、社会学等密切相关。

城市景观具有连续性特点，它通过为富有生机的活动所设计的整体环境而充满情趣。人的活动、汽车穿梭、建筑的光影变化以及时间改变、季节转换和云彩、植物色叶的变化都与人对城市环境的实际感知相关，在"以人为本"的城市设计理念盛行的时代，最重要的还是人的活动及其对城市环境的参与。活动的参与并非只是单纯地、消极地利用城市空间环境，而是指与原本的设计初衷相近和相吻合的参与活动。

人的城市生活一般分为公共性和私密性两大类，前者是一种社会的、公共的街道或广场生活；后者则是内向的、个体的、自我取向的生活，它要求宁静、私密性和隐蔽感。这两者对于城市空间有不同的领域要求。所以，城市设计的这一客体内容又成为"人的双重生活的相关矩阵"，同时，人的行为活动又往往按年龄、社会习惯、兴趣爱好、宗教信仰乃至性别等不同，而在同一城市空间环境中自然集聚，并形成各自的领域范围。这就需要我们去认真地关心和研究人的环境行为及其含义对空间设计的要求和影响，同时为人们提供城市设计方面的技术支持。

图3-8　杭州钱江新城砂之船商业步行街（左）

图3-9　天津意大利风情步行街（右）

3.4.2　使用活动的支持

使用活动要素不仅要求城市设计为人们提供合适的步行空间，而且要考虑产生这些活动的功能要素，包括商店、各种公共建筑、公园、绿地等，还要考虑环境中的各种刺激因素对行为活动的正面影响和负面影响。现代城市中居住工作着大量的人群，建筑稠密、交通繁忙，琳琅满目的店铺和商业广告、高分贝的环境噪声、被污染的空气会对城市环境中人的行为产生不利影响，而绿色植物簇拥的林荫大道、景色优美的城市公园和广场、小巧宜人的社区绿地则为人们送上几许轻松温馨、自然舒适的环境氛围。

3.5 城市色彩

3.5.1 城市色彩的概念

城市色彩是指城市物质环境通过人的视觉所反映出的总体的色彩面貌。城市色彩的感知主要基于人们对于城市物质空间和相依存的环境的视觉体验，城市建筑的总体色彩作为城市色彩中相对恒定的要素，所占比例很大，是城市色彩的主要组成要素。

通常，城市规模越大，物质环境越复杂，人对城市的整体把握就越困难。城市的地域属性、生物气候条件、作为建筑材料的物产资源以及城市发展的状态对于城市色彩具有决定性的影响，世界城市所呈现出来的色彩格调都和这种影响有密切联系。而文化、宗教和民俗的影响，进而使这种差异变得更为鲜明而各具特色。而具有相近地域条件的城市，一般也具有相类似的色彩面貌（图3-10、图3-11）。

3.5.2 城市色彩的历史发展梗概

以欧洲城市为例，工业革命以前城市发展通常是沿城墙向外做圈层式的扩展，速度相对缓慢，并呈现出渐进修补的特点。在发展进程中，虽然建筑风格在不断演变，形式在不断变化，但由于所采用的建筑材料相对稳定并具有延续性，使街道、广场乃至整个城市在视觉上感觉十分和谐，城市色彩主调也得以相对稳定地建立起来。工业革命以后，一些发达国家逐渐进入工业时代，城市色彩的发展经历了一个从稳定、渐变到变异的过程。总体而言，在工业化早期，城市的尺度、建筑材料在相当大的程度上仍然得到很好地保持。到了20世纪，现代建筑先驱者开始大量使用钢铁、玻璃和混凝土等新型建筑材料，建筑设计和施工日益工业化和标准化，这使得原有的城市色彩面貌受到一定的冲击。但由于新建筑的体量大多仍符合原有的城市尺度，其在色彩上带来的视觉冲击仍然在可以控制的范围内（图3-12、图3-13）。

图3-10 西递古镇色彩代表了农耕社会的建造方式（左）
图3-11 福州三坊七巷明清建筑群（右）

图 3-12　意大利佛罗
　伦萨统一和谐的城
　市色彩（左）
图 3-13　前工业化时
　代建筑色彩的巴斯
　街景（右）

　　中国传统城市从总体上看体现了儒家文化和与之相结合的社会等级制度。建筑色彩和建筑形式一样，为统治阶级的意识形态所左右，体现了严格的等级制度。"色彩成为显示出权力、威力的象征，要追溯到国家出现时的商周时期，《春秋谷梁传·庄公二十三年》规定：'礼，天子诸侯黝堊，大夫苍，士黈。'历代宫垣庙墙刷涂朱色和达官权贵使用朱门，可以说是一种传统所致。红色后来虽退居黄色之后，但仍为最高贵的色彩之一。在所有色彩中，黄色为尊贵。黄色在五行说中代表中央，'黄，正色'。于是自唐代始，黄色成为皇室专用的色彩。其下依次为赤、绿、青、蓝、黑、灰。皇宫寺院用黄、红色调，绿、青、蓝等为王府官宦之色，民舍只能用黑、灰、白等色。"明清北京城曾被美国著名学者培根誉为"人类在地球上最伟大的单一作品"。皇城外大片灰砖、灰瓦的四合院形式的民居，烘托出了金碧辉煌的皇家建筑群色彩的核心地位，形成了突出的色彩对比效果（图 3-14、图 3-15）。

　　我国城市色彩在 20 世纪 80 年代以前总体上呈现为协调的状况。在当时缓慢发展的城市中，无论是建筑材料的使用还是建造方式都相对稳定，因而城市形态与结构得以保持，城市色彩也呈现相对稳定的面貌，具有较明显的地域特色。但是，伴随着逐渐加快的城市化进程，城市发展开始有了日新月异的变化。历史城市中高层建筑的出现和连片的多、高层住宅区的建设，使老城城市肌理与尺度产生很大改变。大体量和新型建筑材料的规模性使用打破了城市原有的和谐色彩基调，城市色彩的异质性日益加剧，并由于其物质载体的巨大变化而趋于紊乱。另外，新的建筑材料与城市物质空间环境的趋同，又造成了新城区建筑色彩面貌雷同（图 3-16）。

图 3-14　故宫的色彩
　代表了封建社会的
　权力（左）
图 3-15　西藏拉萨布
　达拉宫（右）

图3-16　现代主义影响下的上海城市色彩变化

以上的分析与比较说明，城市社会经济发展方式及其所处的阶段对于城市色彩具有显著影响。城市色彩要实现和谐并且得以维持，相对长时间的渐进积淀是关键。不能把我国的城市与国外的城市做简单的类比，城市主色调的确定，应当根据每个城市的实际发展情况而定，明确其应用范围。对于城市的历史地段及其周边的风貌区，由于其尺度与传统城市接近，可以根据其历史状态确定顺应文脉的主色调。对于城市的其他地区，在色彩配置方面应主要从色彩本身的协调考虑，控制好彩度、明度与面积，对于主色调则不必强求。

3.5.3　基于城市设计的城市色彩处理原则

（1）从城市设计角度出发的整体性原则

城市色彩问题必须从城市角度，运用城市设计方法对城市空间环境所呈现的色彩形态进行整体的分析、提炼和技术操作，并在此基础上根据城市发展所处的历史阶段、不同的功能片区属性和建筑物质形态进行色彩研究。

（2）根据色彩理论，提倡色彩混合、整体和谐

色彩具有色相、明度、饱和度三要素，不同色彩通过合适的方法混合共存，相互影响，由此产生整体协调的色彩混合效果，对于控制城市色彩景观具有重要意义。和谐是色彩运用的核心原则，也是城市色彩处理的重要原则。通常，有效利用色彩调和理论搭配出的色彩组合，比较易于形成和谐统一的色彩关系。

（3）尊重自然色彩，与自然环境相协调

人类的色彩美感与大自然的熏陶相关，自然的原生色总是最和谐、最美丽的，如土地的颜色、树木森林的颜色、山脉的颜色、河流湖泊的颜色。城市色彩规划只有不违背生态法则，掌握色彩应用的内在规律，才能创造出优美、舒适的城市空间环境。通过科学的色彩规划和有力的色彩控制，才可避免整体色彩无序状态。

（4）服从城市功能分区

城市色彩与城市功能密切相关。商业城市与旅游城市、新建城市和历史城市，其色彩应是有所区别的；一座大城市与一座小城市，其色彩原则也不尽相同；城市中不同功能分区之间的色彩定位也是不同的。

（5）融合传统文化与地域特色

城市色彩一旦形成，就带有鲜明的地域风土特点且与人群体验的"集体记忆"相关，并成为城市文明的载体。城市色彩规划必须遵循融合传统文化与

图 3-17 城市建设中
保持城市色彩协调
的青岛

地域特色这一基本原则。

城市设计的核心目标就在于创造安全、舒适、充满吸引力的场所，提升空间环境品质并增强其活力。和谐的色彩配置无疑有助于这一目标的实现。城市设计师在城市色彩方面要做的工作，是要在不断发展的城市环境中，运用色彩理论，尽可能创造出具有一定可持续性和弹性的整体色彩和谐体系，并从不同尺度层面提出城市色彩管控与引导原则。

1）城市与城市区域的尺度，城市色彩以整体和谐为原则。在这一层面，人们能感受的城市色彩主要来自于俯瞰的角度（图 3-17）。

2）街区的尺度，即街道与广场的尺度，城市色彩在多样统一的前提下表现不同的特点与气氛，人们可以从正面、侧面和仰视的角度感受城市色彩，而且通常会伴随光影的变化或夜间灯光的变幻，也可以天空做背景（图 3-18）。

3）建筑及细部的尺度，城市色彩更为丰富且接近人体尺度，人们可以从各种角度感受城市色彩，仔细体会不同情境下色彩的细微差别，而需要控制的则是各种要素的秩序，在统一协调的形体环境下创造丰富的色彩变化（图 3-19）。

图 3-18 丽江白沙古
镇的色彩风貌（左）
图 3-19 香港文化中
心和前火车总站钟
楼新旧并存（右）

需要指出的是，城市色彩的主要载体是城市物质形体环境。解决城市的色彩问题，不能就色彩而论色彩，和谐有序的城市形体与空间环境，是城市色彩和谐有序的基础。

3.6 交通与停车

交通与停车这一元素是对城市交通的组织，是通过对主次干道、高速公路、停车场、停车库以及路边停车区等的布局与设计来构成城市的空间骨架。

3.6.1 城市交通对城市形态的影响

（1）宏观方面的交通影响

1）对城市空间结构的影响

城市交通对城市空间结构的影响无处不在，良好的地理位置和发达的交通网络是地区地价和空间结构调整的主要动因。为充分发挥土地的利用效率，促进城市用地结构的合理发展，中心区通常会由初级工业时代的、以工业用地和居住用地为主的功能结构，逐渐演变为以商业、金融、办公和信息服务为代表的商务主导功能。一方面，人流分布昼夜密度相差大的特点，要求该区的内外交通联系要便利；但另一方面，由于城市中心地区能给企业带来更为丰厚的效益，往往导致城市中心区的高强度开发和高密度人流的积聚，以致超过交通环境条件的承载能力，造成中心地区交通拥挤与堵塞，导致中心环境恶化（图3-20、图3-21）。

2）对城市规模的影响

城市是一个动态发展的巨系统，不同时代交通方式的差异对城市规模有着重要的影响。

就古代而言，交通方式主要是以步行或畜力车为主，速度慢而车辆少，故村落和城市空间的规模也较小。而在汽车时代，随着交通方式的革新和进步，若按相同的出行时间计算，城市半径将大幅扩展。

3）对城市发展的影响

由于人类的活动赋予城市以生命，它犹如一个生物有机体，有发生、发展、

图3-20 上海陆家嘴林立的高楼大厦（左）

图3-21 北京金融街缓慢前行的车流（右）

成熟直至消亡等阶段。城市在生长过程中必须不断地与外界环境进行交流以寻求发展所需的物质能量。自从一个偶然进行商业活动的聚集点发展成型以来，交通沿线便由于潜在的经济发展优势而成为城市对外进行物质能量交流的生长轴。所以城市交通既是城市活动的重要组成部分，同时又是城市各种繁杂活动的联结和支撑系统，可以为城市的发展提供内在的驱动力。

（2）微观方面的交通影响

1）城市原有形态的割裂与整合

城市功能区的调整与变化，往往会带来城市道路网的相应变化，如道路位置改换或是红线的变化，这些都会使城市的原有形态发生变化，有的居住区由此被割裂，有的商业区面临重新组合，有的对城市原形态起重要作用的单体或群体建筑则被移位或者拆除，但同时对城市新形态的定型起关键作用的新建筑又会产生，这些或消失或新生的建筑无不与城市交通有着紧密的联系。

2）城市形态的垂直发展与交叉

由于城市二维平面的交通日益不能满足城市运作的需求，立体竖向的交通方式逐渐丰富和发展起来，如地铁、高架、立交等交通方式的出现（图3-22）。立体竖向的交通方式不仅改变了城市既有的交通方式，也改变了原有的城市形态，而交通方式与城市建筑的结合又演变成复杂的城市综合体。一般城市不仅包含着不同功能的建筑使用空间，也提供了四通八达的交通枢纽空间，这些城市综合体以其庞大的形象改变着城市的固有形态。所以说，城市交通在城市原有形态的垂直发展与交叉联系中发挥着基础性作用。

3）城市文化形态的破坏与解体

随着城市的发展与人们对现代生活日益的需求，诸多城市开始了对旧城的改造与开发；同时为充分发挥城市交通的先导及支撑作用，我国各城市纷纷将道路建设作为改变城市的面貌与改善投资环境的突破口，却使城市特色与人文资源伴随着道路建设而逐步丧失。

3.6.2　城市道路的景观组织

除了要承载城市交通输配这一基本职能外，城市道路的视觉景观需求同样重要。当它与城市公共道路、步行街区和运输换乘体系连接时，可直接形成并驾驭城市的活动格局及相关的城市形态特征。

图3-22　由地铁、步道和车行道构成的三层立体交通系统

(1) 城市道路景观的空间属性

城市道路的空间景观除了比例与尺度、韵律与变化、对比与协调等视觉美学上的要求之外，还具有以下空间特性：

1) 空间领域性

有专家认为，领域性强调的是人的社会性及其对空间使用方式做出的本质修改，并常常呈现出明显的空间层次。由此可见，城市道路作为个体生活向城市空间领域延伸的主要环节，具有一种外向导引性，而且会因使用方式的不同而呈现出不同的场所领域特征。

2) 空间渗透性

城市道路的空间渗透性主要表现在两个方面。一方面，街道步行空间与建筑空间的渗透。比如我国南方城市的传统骑楼，还有欧美将商业与城市立体交通换乘枢纽一体化布置的做法，均反映了这种渗透性。在设计手法多样化的今天，完全可以通过公共、半公共、半私密、私密空间的梯度变化来展现一种空间过渡范围的不定性。另一方面，在道路空间内部，人与车也存在着相辅相成的依存关系。舒适方便的步行活动需要以完善的车行交通系统作为依托，而再完整的车型系统也需要以步行交通作为连接与补充。

3) 空间连续性

城市道路的空间连续性是人们感知城市整体意象的基础，而道路可在这条空间线路上充当诸形象要素的组织角色，所以凯文·林奇强调"可识别的道路，应具有连续性"。道路的连续性可以通过道路两侧的绿化、建筑布局、建筑的用途、风格、形式与色彩及道路环境设施等的延续设计来实现。

(2) 城市道路景观的功能属性

1) 景观功能

在城市景观中，城市道路景观环境是重要的构成要素之一，分析城市道路交通作为城市景观的特征，大致可分为静态景观和动态景观两大方面。

城市道路的静态景观主要指与道路交通有关的相对固定的客观实体系统。如道路线型、路面铺砌、绿化、高架桥、立交桥、人行天桥、街道小品等。作为城市景观的构成要素，它们的造型、色彩等对体现城市的景观特色具有重要意义。

城市道路的动态景观则主要指以城市道路系统为载体的公共活动，它们大多发生于街道及广场。无论是平日里忙忙碌碌的人流、商业街上熙熙攘攘的人群，还是节日街头的盛大狂欢、竞技献艺等，均是城市活力与生机的体现，并反映了一个地方的风俗与文化传统；另外，各种交通工具穿行大街小巷所形成的交通流，也体现了人类的技术力量与脉动的生命力，它同样是城市动态景观的重要构成（图3-23）。

2) 认知功能

城市道路对其他意象要素起着串联和组合作用，是人们感知整个城市意象的关键渠道，同时也是环境定位、环境指认和感知城市特色的重要要素。其特征体现为：

图 3–23　西安钟楼前
交通动态景观

方位感：人们在城市中运动及滞留时与空间发生的基本联系。人类行动的方向性通常非常明确，他们把握环境的方式，通常是以自己的立脚点为据点，然后朝着既定目标行进；而道路的方向性，对于人们判断自己的位置，并在城市中保持方位感意义重大。

标识性：人们获得方向感最直接的渠道，包括路面划线、交通换乘标志、交通导向标志等，

通过改善文字信息、符号、图形设计及标志设置位置等，形成了一个良好的城市标识系统，是事半功倍的措施之一。

整体性：清晰的结构是人们形成城市整体意象的基础，便于人们在把握整体印象的前提下，有序地深入掌握系统结构，而道路的布局对于城市结构的清晰与否起着决定性作用，其布局必须是有规律的和可预见的，结构形式也需清晰明了，否则易导致混乱。

层次性：城市中除了干道系统外，还需有附属于干道系统的各类层次的道路。

3）社会生活功能

城市道路交通空间除了交通功能外，往往还包含了人们日常生息的各类户外活动，如闲聊、下棋、嬉戏、街头表演等内容，使街道空间在功能使用上呈现复合共存的特点，这也是社会文化发展的历史延续性得以维系的重要途径。

虽然，由于现代汽车文明的冲击，一些地方的街头文化逐渐趋于萎缩，然而历史是抹不掉的，那些极具个性和主题的道路环境空间已深入居民的日常生活之中。在城市的某些角落，仍可触摸到它的脉搏，感受到它强大的生命力与蓬勃生机，对此我们应重视并妥加保护。

（3）城市道路景观的组织策略

城市设计对此的要求一般包括：

1）道路本身应是积极的环境视觉要素，城市设计要能促进这种环境质量的提升。具体说有四点要求，即：对多余的视觉要素的屏隔和景观处理，道路所要求的开发高度和建筑红线，林荫道和植物以及强化道路中所能看到的自然景观。

2）道路应使驾驶员方便识别空间方位和环境特征。常见手法有：沿道路提供强化环境特征的景观；街道小品与照明构成的街景的交织；城市整体的道路设计中的景观体系和标志物的视觉参考；因街景、土地使用而形成的不同道

路等级的重要性。

3）在获得上述目标中，各种投资渠道及其投资者应协调一致，要综合考虑经济和社会效益，这在集资修路时问题比较突出。

3.6.3　停车方式

交通停车同样是城市空间环境的重要构成。当它与城市公交运输换乘系统、步行系统、高架轻轨、地铁等的线路选择、站点安排、停车设置组织在一起时，就成为决定城市布局形态的重要控制因素，直接影响到城市的形态和效率。从大的方面看，城市交通主要与城市规划与管理有关；城市设计主要关注的是静态交通和机动车交通路线的视觉景观问题。德国学者普林兹曾运用图解方式，研究了停车方式与城市设计的关系。

停车因素对环境质量有两个直接作用：一是对城市形体结构的视觉形态产生影响；二是促进城市中心商业区的发展。因此，提供足够的，同时又具有最小视觉干扰的停车场地是城市设计成功的基本保证，通常可采用四种途径。

（1）在时间维度上建立一项"综合停车"规划。即在每天的不同时间里由不同单位和人交叉使用某一停车场地，使之达到最大效率。

（2）集中式停车。一个大企业单位或几个大单位合并形成停车区。

（3）采用城市边缘停车或城市某人流汇集区外围的边缘停车方式。

（4）在城市核心区用限定停车数量、时间或增加收费等手段作为基本的控制手段。

我国目前多层车库建设还比较少，但多层车库能节约城市用地，故有很大的发展潜力，同时它也直接影响着城市街道景观。一般来说，多层车库在城市设计中，特别应注意其他面层与城市街道的连续性和视觉质量，如有可能，应设置一些商店或公共设施（图3-24、图3-25）。

3.6.4　存在问题

20世纪以来，汽车交通正以前所未有的冲击强度和扩展速度影响着城市环境。无疑，汽车交通是城市发展的动力之一。然而，世界上大多数城市中心

图3-24　从商茂大厦俯拍南京城市停车场（左）

图3-25　深圳同乐科技园绿化停车（右）

图 3-26　美国德美因一座获 AIA 奖的多层停车场（左）
图 3-27　杭州钱江一桥道路景观（右）

区街道原来都是步行和马车通行，当初并未想到今天的城市中心会是高楼大厦林立、人口密集和车辆拥挤的情景。于是汽车骤增与原有城市道路结构不相适应就在所难免（图 3-26、图 3-27）。

这种交通方式与交通条件的矛盾反映在城市空间中，最突出的现象就是人车混行，城市运转效率降低，事故增加。

实际上，今天的城市交通问题多属于结构性失调，它与城市整体的发展策略、城市交通规划和管理法规建设密切相关，而且也与一个国家的经济、社会和环境承受能力相关。其次才是道路本身。故必须以城市整体的社会经济发展为基础，从城市结构入手，并与城市规划密切配合，才有可能从根本上解决上述问题。

3.7　保护与改造

保护与改造是以保护城市的地方文化、景观特色和保护城市演变的历史连续性为主要目的的。除保护历史建筑和历史名城外，还应该注意保护不同时期的优秀建筑、历史街道环境、历史性景观特色和地方性风俗民情。

3.7.1　保护与改造的意义

在城市发展的历史过程中，新生与衰亡、进步与保守、改造与保护的矛盾是不可避免的。同样，城市面貌特色和形态特征亦永远处于发展变化之中。但是，城市又是一种人与历史、文化和艺术交互作用的结晶，是生长出来的，这不同于一般的产品是生产制造出来的。城市的变化和演变应该完成于一个渐进有序的发展过程。城市物质空间是在特定时间、场所中与人们生活形态紧密相关的现实形态，其中包含着历史。它是人类社会文化观念在形式上的表现（图 3-28、图 3-29）。

3.7.2　保护与改造的内容和方式

保护与改造是一项十分重要，同时又是极其庞杂的综合性规划、管理和设计课题。城市设计主要关注的是作为整体存在的形体环境和行为环境。保存不仅意味着保护现存的城市空间、居住邻里以及历史建筑，而且要注意保存有

图 3-28　杭州西兴历
　　史文化街区（左）
图 3-29　安徽宏村月
　　沼（右）

助于社区健康发展的文化习俗和行为活动。对于文物建筑遗迹，历史真实性是保护的最高原则，而不可以沿用常规的建筑学知识如统一、完整、和谐等，更不能用"焕然一新"及"以假乱真"的方式来对待保护改造对象。

就保护与改造涉及的价值构成而言主要有两部分：一是城市土地的经济价值；二是隐藏在全体居民心中的，驾驭其行为并产生地域文化认同的社会价值。也就是说，保护和改造不可以只以经济效益为价值取向。

3.7.3　保护与改造对象的发展

在人们习见的观念中，保护与改造主要指对历史古老建筑和遗存而言。但今天的保护与改造工作已经涉及更广义的既有建筑、空间场所、历史地段乃至整个城镇。无论是暂时的，还是永久的，只要它们还具有文化意义和经济活动，就有保护和改造再利用的价值。这种看法在第二次世界大战后，特别是《威尼斯宪章》等一系列文物建筑和历史性城市保护的国际性文件发表颁布后，已经成为世界性的共识。1975 年"欧洲建筑遗产年"则又从舆论和实践两方面将此共识向前推动了一步。1996 年巴塞罗那国际建协 19 届大会则提出城市"模糊地段"概念，它包含了诸如工业、铁路、码头等在城市中被废弃的地段，指出此类地段同样需要保护、管理和再生。2002 年柏林国际建协 21 届大会则以"资源与建筑"为主题，并引介了鲁尔工业区再生等一系列产业建筑改造的成功案例，进一步使历史地段保护、改造和再生事业引发世界建筑同行的关注。2003 年，在莫斯科通过了由国际工业遗产保护联合会提出的《关于工业遗产的下塔吉尔宪章》，可以被认为是世界产业遗产保护认识进步和演进的一个里程碑。近年中国城市建设有一个重要的认识转变就是对建筑历史遗产保护工作的日益重视，保护和改造的城市设计实践也越来越多。

3.8　城市环境设施与建筑小品

3.8.1　城市环境设施与建筑小品的内容

环境设施指城市外部空间中供人们使用，为人们服务的一些设施。环境设施的完善体现着一个城市两个文明建设的成果和社会民主的程度，完善的环境设施会给人们的正常城市生活带来许多便利。建筑小品在功能上可以给人们提供休息、交往的方便，避免不良气候给人们的城市生活带来的不便。

建筑小品一般以亭、廊、厅等各种形式存在，可以单独设于空间中，又可以与建筑、植物等组合形成半开敞的空间。同样，许多饮料店、百货店、电话亭都具有独自的功能。

城市环境设施与建筑小品虽非城市空间的决定要素，但在空间实际使用中给人们带来的方便和影响也是不容忽视的。一处小小的点缀同样可以为城市环境增色，并起到意想不到的效果。

城市环境设施及建筑小品，一般可包括以下内容：

（1）休息设施：露天的椅、凳、桌等。

（2）方便设施：用水器、废物箱、公厕、问讯处、广告亭、邮筒、电话间、行李寄存处、自行车存放处、儿童游戏场、活动场以及露天餐饮设施等。

（3）绿化及其设施：四时花草、树木、花池、花台、花盆、花箱、种植坑与花架等。

（4）驳岸和水体设施：驳岸、水生植物种植容器、跌水与人工瀑布处理、跳石、桥与水上码头等。

（5）拦阻与诱导设施：围墙、栏杆、沟渠、缘石等。

（6）其他设施：亭、廊、钟塔、灯具、雕塑、旗杆等。

3.8.2 城市环境设施与建筑小品的作用

城市环境设施和建筑小品的功能作用主要反映在以下几个方面：

（1）休息：为居民提供良好的休息与交往场所，使空间真正成为一种露天的生活空间，为人们创造优美的、轻松的空间环境气氛。

（2）安全：一方面，利用一些小品设施和通过对场地的细部构造处理，实施"无障碍设计"，使人们避免发生安全事故；另一方面，则可以利用场地装修、照明和小品设施吸引更多的行人活动，减少犯罪活动。

（3）方便：用水器、废物箱、公厕、邮筒、电话间、行李寄存处、自行车存放处、儿童游戏场、活动场以及露天餐饮设施等，这些都是为了向居民提供方便的公共服务，因此也是城市社会福利事业中一个不可缺少的部分。

（4）遮蔽：亭、廊、篷、架、公交站点等，在空间中起遮风挡雨、避免烈日曝晒的遮蔽作用。

（5）界定领域：设计中可根据环境心理学的原理，强化那些可能在本空间内发生的活动，界定出公共的、专用的或私有的领域。

同时，广义的城市街道设施、环境建筑小品还包括城市公共艺术的内容，具有在公共空间中展现艺术构思、文化理念和信息，以及美化环境的作用，增加空间的场所意义。

3.8.3 城市环境设施与建筑小品的设计要求

就城市景观而言，街道上一切环境设施和建筑小品设计与建筑设计同样重要，如街道上所必需的种种设施往往要配合适当的地点，反应特定功能的需求。交通标志、行人护栏、城市公共艺术、电话亭、邮筒、路灯、饮水设施等应进行整体配合，这样才能表现出良好的街景。城市外部空间环境中有时也设置一些休息凳椅，供人休憩小坐；同时，那些用来划分人车界限的栏杆、界石、路标、自行车停放架和露天咖啡座的帐篷、报亭和花坛等也都是城市设计需要考虑的。有时，城市里的空间还应该为特殊的节日庆典、游行活动而专门设计调整，以使艺术家和广大市民都能对城市环境建设和保护有所贡献（图3-30、图3-31）。

图3-30 杭州钱江新城城市阳台（左）
图3-31 香港中环城市雕塑（右）

具体概括，大致有以下设计要求：

（1）兼顾装饰性、工艺性、功能性和科学性要求

许多细部构造和小品体量较小，为了引起人们足够的重视，往往要求形象与色彩在空间中表现得强烈突出，并具有一定的装饰性。功能作用也不可忽视，只好看而不实用的东西是没有生命力的。同时，小品布置应符合人的行为心理要求，设计时要注意符合人体尺度要求，使其布置和设计更具科学性。

（2）整体性和系统性的保证

城市设计中应对环境设施和建筑小品进行整体的布局安排、尺度比例、用材施色、主次关系和形象连续等方面的考虑，并形成系统，在变化中求得统一。

（3）具备一定的更新可能

环境设施和小品使用寿命一般不会像建筑物那么永久，因而除考虑其造型外，还应考虑其使用年限、日后更新和移动的可能性。

（4）综合化、工业化和标准化

花台、台阶、水池等大多可与椅、凳结合，既清洁美观，又方便人们使用，扩大"供坐能力"。而基于"人体工程学"的尺寸模数，又可使设计制造采用工业化、标准化的构件，加快建设速度，节约投资。

3.9 标志与标牌

标志与标牌在城市中起到指向的作用，是人们认识城市的符号，是城市商业的组成部分。

标志与标牌能够在城市建设中起到画龙点睛的作用。包括指示牌、广告、宣传牌、牌匾和灯箱等，是城市景观的重要元素。如果配置良好、简洁明晰、设计精良，可以成为使城市外部空间环境生动活泼、丰富多样的重要因素。反之，不良的、冗余的标志所起的消极作用也不可低估。

从城市设计角度看，标志与标牌基本上是一个环境视觉管理问题，它本身并不直接介入标志的设计工作。通常，各行各业所要求设立的广告标志和设计质量应该给予管理控制，同时规范化。除特殊场合或商业用途，城市中一般应采用国际通用的符号标志，它不但可以作为方向和识别的标志，还可在指定的地区、步行街区、城市广场、道路、问讯处、行李寄存处、厕所等其他类似地方作为环境设计的基本规范，以建立环境的协调性和系统可识别性。

在交通干道上，尤其应注意其对驾驶员的视觉干扰，其次应减少混乱，并与必需的公共交通标志相协调。

历史上渐进发展起来的环境标志和标牌多与商业有关，其类型文字、形象及图片表达均有，它是商业竞争的产物。但不同文化背景、不同国家标志与标牌，表达方式有其自身特点。

中国和日本古代店铺中的招幌、匾额、灯笼、旗杆等是富有东方色彩的标识。以招幌为例，就有形象幌、标志幌和文字幌三种。形象幌以商品或实物、模型、图画为特征，如酒店门前挂葫芦和置酒坛，在长期的酒店经营中，这些幌子得到人们的公认，成为约定俗成的认知符号；标志幌主要是旗幌或灯幌；文字幌多以单字、双字简明地表达店铺的经营类别，如"酒"、"茶"、"当"、"药"。

在欧洲，传统上多采用色彩缤纷的图片作为商业标志，这种习俗一直延续到 18 世纪。但人们特别是外来的人对其的理解比较费劲，有时看了半天也弄不懂说明什么。所以后来，更加简单明了的文字招牌得到了迅速发展和广泛运用。现代的标志系统主要是由文字组成的。

标志与标牌作为一种符号，其意义有直接和间接两个层面：说明商业贸易信息，地点和货物是标志的直接用途；而其特定的形式、特征和引申的意象则是人们获取的间接信息。就一个设计完备的标志而言，这两种交流层面都是需要的。

最好的解决方法是用一套完整的、有层次的、固定与灵活的元素相结合的系统来完成以下几方面的功能：

(1) 提供交通信息。

(2) 指示道路方向。

(3) 识别内部空间功能。

在实际工作中，目前已有一些成功的经验可以借鉴。如指示道路方向时，表达到某特定地区道路的标志可相对固定。寻道研究实验表明，当道路很长，其他线索不太明晰时，为保证行人确信自己方向没错，多设几个路标是需要的（图3-32、图3-33）。方向性标志应放在外围的转弯处或交叉路口，及行人会自然停下寻找方向的地方。交通术语和文字应简洁明了，标志的尺度与所找位置的重要性应协调一致。

同时，现在还有一个追求简单化的趋向，如尽量不用详细的地图，用有彩色标志的墙壁或比箭头、文字、数字等稍复杂的标志。如果必须使用地图的话，近似轴测和透视一类的图比平面图来得直观。

目前，各种公共活动领域的规划和标志的图示样本已由外部环境图示设计者协会制定出来。同样不可忽视的是，标志系统也有无障碍设计的问题，这在国外一些大城市中已经考虑到了。

由于具体环境、性质、规模、文化习俗的差别，不同城市对标志设计的要求也是不同的。一般来说，各种标志广告牌、招幌、霓虹灯的无序交织最易成为冲突混杂的信息。反之，标志符号过于统一，一切井然有序，也会导致城市环境的索然无味。因而，城市设计的引导十分必要。

一般标志建立功能标准有两条途径：

（1）根据从交通工具上人们能获得的"可读性"来规定标志的大小，这一考虑包括速度、视野范围和聚焦距离，表达某种信息所需的符号的尺度及数量。

（2）设法将标志同时实现"直接"和"间接"的交流，并使之适合于所实存的外部空间环境。

关于标志和标牌的城市设计问题已经受到我国学者的关注。当前，电子

图3-32 深圳南山区
公共服务设施标识
系统（左）
图3-33 某城市公共
设施指引标识（右）

技术的发展为标志的设计、表现带来了令人振奋的前景。在商业广告中，信息系统的软件应用也达到了前所未有的水平。

思考练习题

1. 城市交通在道路景观的组织和停车组织方面，各需要注意什么问题？
2. 城市开放空间的体系化设计要遵循什么原则？
3. 城市设计应如何针对建筑形态及其组合进行引导和管理？
4. 城市的色彩设计有哪些原则？
5. 如何实现对城市色彩的控制引导？

4

城市设计的分析方法

教学要求

通过本章的学习，了解城市设计的三种分析方法，掌握三种分析方法的表达方式。

教学目标

能力目标	知识要点	权重	自测分数
了解三种分析方法的含义	每一种分析方法定义	30%	
掌握三种分析方法的表达方式	表达方法	70%	

《美国传统英语词典》对空间是这样定义的：一组元素或点满足日常经验的三维领域所指定的几何条件；不同指定边界间两点之间的距离或区域体积。

随着城市生活越来越流行，在世界上许多地方，卫星城变成了现实。我们开发、使用、生活的空间成为经济、社会、环境价值的重要组成部分。作为设计师我们发现在设计决策过程的每个组成部分，从单一体到社区甚至到整个国家的范围内，都需要处理这些问题。目前存在许多关于空间的概念以及它是否被合理设计的理论，其中一个典型的例子是格式塔理论。两个区域中的分离空间——空间和反空间。我们试图通过大量的例子以物理性质的不同来区分空间和反空间。空间是可以被测量的，它具有确定的、可感知的边界，它在原则上是不连续的、封闭的、静态的，然而在组成上有一定的序列（如锡耶纳的坎波广场，图4-1）。反空间是无形的、连续的、缺乏可感知的边界或形式（如拉斯维加斯的条形地带，图4-2）。

第一个准确的关于空间和反空间的例子是詹巴蒂斯塔·诺利于1748年绘制的罗马地图。他用这些信息去理解空间设计，制定了三种他坚信的理论，形成了成功的城市设计的基础：图底理论、连接理论和场所理论。

4.1　图底理论

图底理论是研究城市的空间与实体之间存在规律的理论。每一个城市都有各自的空间与实体的模式，这一理论试图通过对城市形体环境图底关系的研究，明确城市形态的空间结构和空间等级，确定出城市的积极空间和消极空间。通过不同时间内城市图底关系的变化，还可以分析出城市建设发展的动向。这一理论源于心理学中的视知觉研究。心理学中认为，感觉到某个物体的各个片面后，就会建立整体形象，即形成视知觉。图底理论以视知觉的选择性作为基础，认为人们在观察形体环境时，被选择的事物就是视知觉的对象，而被模糊的事物就是这一对象的背景。在城市环境中，建筑实体往往由于图像清晰，尺度较大，对人的刺激较高，而成为人们视知觉的对象，周围的空间（虚体）则被忽视。成为对象的建筑被称为"图"，被模糊的事物被称为"底"。这种方法的出发点是通过分析建筑实体与开放空间的联系来理解城市形态。在界定城市肌理的纹理和形式、发现空间秩序的问题时是一个有效的工具，但也会导向静

图4-1　锡耶纳的坎波广场（左）
图4-2　拉斯维加斯的条形地带（右）

态和二维的空间概念。

　　对城市设计的图底理论作出最好诠释的是詹巴蒂斯塔·诺利于 1748 年所绘制的罗马地图。诺利地图将城市表现为一个具有清晰界定的建筑实体与空间虚体的系统（图 4-3）。建筑实体所覆盖的范围比室外空间更加密集，从而衬托出公共开敞空间的形态，换句话说，它创造出积极的空间或者"具有物质形态的容器"。罗马的开敞空间被建筑实体勾勒出来，作为连接室内外空间与活动的连续流动的空间，如果没有这些重要的地面建筑覆盖，空间将不可能连续。在诺利地图中室外市民场所是一个积极的空间，比界定它的建筑实体更具有"图形"的意义。与周围建筑实体密切相关的空间才是一个积极的空间实体。这与现代空间的概念正好相反，只有建筑才具有图形意义，是相对独立的实体，而空间则变成不具物质形态的容器。在诺利的概念中，空间就是图形。

　　图底理论进一步指出当城市形态主要是垂直的而不是水平的时候，如现代景观中常见的塔楼街区、板楼或摩天大楼，几乎不可能创造连续的城市空间（图 4-4）。在一个巨大尺度的平地中布置垂直建筑的尝试，大多导致其广阔的开放空间且很少被使用。由于建筑密度不够，散布在景观中的垂直建筑无法赋予环境以空间结构，其结果则与诺利地图恰好相反，给人的印象只是单体建筑，而连续的街区形态却不见了。为了构筑室外空间的形态，必须精心处理空间和街区的边缘，建立一个包含转角、凹口、角落、通廊等的室外空间。创造积极空间最简单的方法，是运用低平的建筑群及其所形成的比周围地域更加密集的形态，并从建筑群中勾勒出城市空间。实际上这种图底关系并不总是可能甚至可取的，但是应当把它作为城市设计的一种概念性指导原则。在城市建筑群中必须创造出积极空间的特定类型。公共空间提供聚会场所、路径、公共和私人领域之间的过渡及社交舞台，从而赋予城市象征性和意义。

　　空间是都市体验的媒介，在公共、半公共、私人领域之间提供序列。为了使这些序列正常运行，循环障碍和差距必须尽量减少或消除。空间方位通过分区和邻里单位形成的城市街区构造被确定下来，它是固体和空隙组成城市结构和建立物理序列以及确定不同地点之间视觉定位的衔接和分化。图底分析对于揭示这种关系是十分有用的（图 4-5）。城市空间虚体的本质依其周边建筑实体的布置（建筑、建筑群或城市街区）、尺度，以及介于垂直要素之间的水

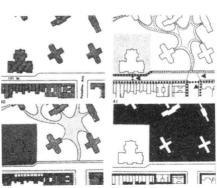

图 4-3　诺利地图的图底关系　837 万神庙　842 密涅瓦广场　844 神庙遗址圣母堂（左）

图 4-4　罗伯特·瓦格纳设计的纽约上东部居住区（右）

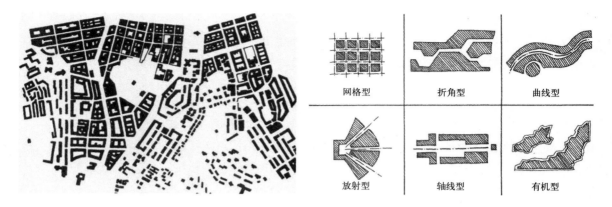

网格型　折角型　曲线型

放射型　轴线型　有机型

平方向的开敞程度或者地平表面而定。街道空间的更大范围的组合方式形成城市片区，其中所有空间整体创造出一个主导和统一各个孤立空间的城市特征。图底研究揭示了作为空间虚实组合方式的各种城市空间形态，这种空间虚实组合方式多种多样，如垂直－斜交复合型（修正的格网）、随意有机型（由地形和自然特征确定）和节点中心型（具有活动中心的线形和环绕形）等三种类型（图4-6）。多数城市都是这些类型的组合、变化或是放大缩小后的并列。罗马帝国时期有机变化的类型与曼哈顿中心城区规则的格网则是城市的特殊组织结构，遍布城市片区内的街道和街区的有变化的组合方式赋予片区的复合形态。

　　除了表达城市的特征与复合形态之外，图底分析还可以使城市空间虚实之间的差异明晰，并提供了对其进行分类的方法。如同我们所指出的，独特的空间虚实组合方式有助于对公共空间的设计和感知（图4-7、图4-8）。

　　图底理论的核心是基于对城市建筑实体与空间虚体的控制和组织。当城市实体与虚体之间的空间关系是完整的且可以被感知时，城市空间网络就能成功地发挥作用，局部地段就能被包含在结构内并呈现出城市片区的特征。如果实体与虚体的平衡被打破，局部地段就变成分离的，且被置于结构之外，其结果就产生了失落空间。在城市和建筑设计中，应用图底关系方法可以明确空间界定的范围、不同等级的空间、空间的收放效果等，从而在设计中有意识地加

图4-5　哥德堡中央核心区的图底关系（左）

图4-6　建筑实体和空间虚体的六种类型（右）

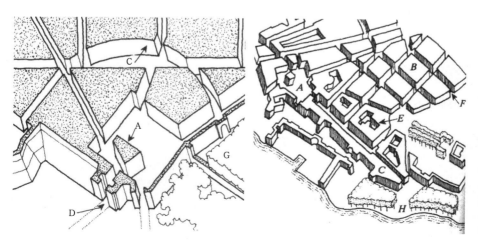

图4-7、图4-8　城市建筑实体和空间虚体类型的示意图

　　在传统城市中有三种重要的城市建筑实体类型，包括：A公共纪念物及机构，B城市中占主导地位的城市街区，C界定边界的建筑物。五种主要的城市空间虚体类型：D入口大厅，E街区内部的空间虚体，F街道和广场网络，G公园和花园，H线性开放空间系统。

强对空间的界定，创造出积极的空间。

4.2 连接理论

连接理论源于研究连接不同因素之间的"线"，这些线由街道、步行道、线性开敞空间或其他在空间上连接城市各个部分的连接要素组成。设计师用连接理论试图组织一个联系系统或网络，来创造一个空间组织的结构，将重点置于系统而非图底理论的那种空间图示，认为运动系统和基础设施的效率比限定室外空间的格局更重要。

连接理论涉及连接城市各部分的线形组织，以及设计这些线上的建筑与空间联系的空间"参数"。在城市空间设计中，影响某场地的空间流线为设计提供可以依据的基准。空间参数可以是地段边界、交通流线、有组织的轴线或建筑的边线。它们组合在一起形成了一个连续的连接系统，在试图对空间环境进行改变时必须考虑到这个系统。

通过连接理论的分析，可以明确城市的空间秩序，建立不同层次的标志性建筑，确定城市中主要的建筑及公共空间的联系走廊，提高城市效率。以此为依据控制周围与其相联系的各构成元素，能达到"各种流动形态的和谐交织"和秩序化的结构布局。

槙文彦在其极具影响力的著作《集合形态的调查研究》中讨论了创造空间连接结构的几种要素。他认为连接是城市室外空间最重要的特点："连接就是城市的凝聚力，以组织城市各种活动，进而创造城市的空间形态……城市设计关心的问题就是在孤立的事物间建立可以理解的联系，也就是通过连接城市各个部分来创造出一个易于理解的极端巨大的城市整体。"

根据连接理论的这些重点，槙文彦提出了三种不同的城市空间基本形态：合成形态、超大形态和组群形态（图 4-9）。他认为合成形态是由二维平面构成的抽象构图中的独立而简洁的建筑组成。连接时隐含而不明显的，相对独立的物体的位置和形状产生出相互作用的张力。连接要素事实上是静止和规则的。在合成形态中，建筑自身比开敞空间的周边更加重要。

在槙文彦的连接理论中，超大结构形态是第二种类型。这一形态中，各

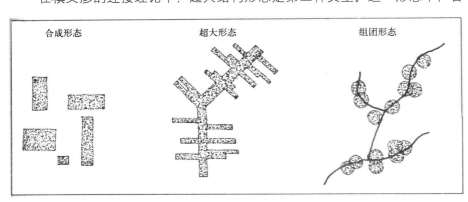

图 4-9 槙文彦的空间
连接的三种形态

个独立部分被整合进一个更大的、层级分明、开放式并且互相联系的系统框架之中，在超大形态中，空间连接组成一种结构。在谈到超大形态时，槙文彦指出几个管理上和工程上的优点，特别是能在简单的基础设施上有效组织各种功能并节约投资。丹下健三和黑川纪章的设计是其中的典范，特别是 20 世纪 60 年代在麻省理工学院设计的一个新社区最具代表性（图 4—10）。

　　超大形态的紧凑结构围合了覆盖的内部空间，并且其周边是明确界定的，但它又与外部空间无关，不与周边的空间环境关联，以一个非人性尺度的巨大空间来创造一个自身的环境。在这些例子中形成这种形态的动因源自高速道路的网络。

　　槙文彦把第三种连接空间的形态类型称为组群形态。这是沿着骨架空间元素逐渐增加累积的结果，是很多历史城镇空间组织的典型方式。在组群形态中，连接既不是隐含的也不是被强加的，而是作为一个有机生长结构中不可缺少的部分自然形成的。组群形态还具有以下的特点：材料的连续统一，对地形巧妙且经常是戏剧性的回应，对人体尺度的尊重和由建筑、墙、入口和尖塔所界定的空间序列。槙文彦用希腊村庄和日本线形村庄的意象来说明组群形态（图 4—11），两层的临街面形成了紧密连续的村庄立面，从而把单个房屋和更大的建筑群体肌理、私密的家庭生活和社区的公共生活联系在一起。在这种组织类型中，建筑形式构成了村庄形态，村庄形态也影响了建筑形式，单个建筑可以被增减而不改变基本结构。在组群形态中，城市空间是从室内分离出来的，在空间景观中，外部乡村空间强化了对社区场所的限制条件。聚落的结构反映出内部与外部空间要素之间必要的交流沟通方式。

　　在所有这三种形态类型中，槙文彦强调连接是一种设计时组织建筑和空间的控制性构思。从槙文彦的研究中，我们知道在城市设计连接理论的指导下，

图 4—10　丹下健三和黑川纪章设计的一个新社区（左）

图 4—11　日本村庄街道（右）

有几种方法可以组织有条理的空间联系。从他的重要著作中显现出在单独的空间或建筑规划以前，公共空间的组织应作为一个整体而先行建立。

连接理论在 20 世纪 60 年代的设计思潮中非常流行，在探索由连接理论所产生的结构中，丹下健三是领导人物，他在麻省理工学院设计的新社区以及他为 1970 年大阪世界博览会所做的规划都是对通过运动系统连接的未来形态的研究。在 1970 年的大阪世博会中，通过网络在不同层面上连接了实验性建筑。在《曼哈顿城市设计》中，由区域规划公司提出的在高层建筑之间建立水平连接的计划，是这一理论的另一个例子，且不失为相当吸引人的概念，但同时也指出了所包含的室外空间问题（图 4—12）。对连接理论的更加实验性与概念化的诠释是彼得·库克在 1964 年所提出的嵌入式城市（图 4—13），有服务设施供应和自动扶梯等系统构成的相交格子状构架形成一个相互联系的结构，预制的单元能被插入结构中进行替换，而水平交通系统在不同层面中穿过社区。其中，连接成为联系水平和垂直交通的一种非空间布局手段。

这种方案强调了社区再生的乌托邦理想，却忽略了对由城市建筑实体和空间虚体构成的传统城市空间的需求。在这些连接型超大结构的实验中，环境变成了运动系统的构图，机械美学和高科技的美丽主宰了对空间组合方式的探索。

研究对于理解城市结构仍然非常重要。这种连接理论在大尺度环境中最著名的应用之一是埃蒙德·培根对费城城市更新所做的设计导则（图 4—14），他尝试以城市范围内的连接作为恢复城市连贯性和向城市发展方向引导城市新区开发的方法，以运动的概念为费城中心区编制了一个杰出的"城市结构"，以运动中枢构成整个城市的功能以及视觉骨架，形成城市的主要空间走廊，建立了和谐有序的城市结构。

4.3 场所理论

场所理论是把对人的需求、文化、社会和自然等的研究加入到对城市空间的研究中的理论。通过对这些影响城市形体环境因素的分析，把握城市空间形态的内在因素。在场所理论的研究中，社会的、文化的和感知的因素被渗透到对空间的界定和围合中来，这些内在和外在因素的有机结合，于一般性的场地赋予场所的意义。

图 4—12　区域规划协会的三维格网（左）
图 4—13　彼得·库克设想的"嵌入式"城市方案（中）
图 4—14　埃蒙德·培根设想的费城中心区再开发计划（右）

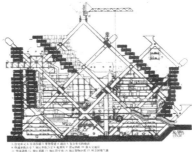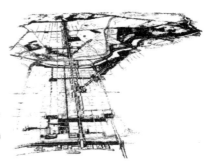

空间设计的场所理论，其本质在于对物质空间人文特色的理解。就抽象和物质而言，"空间"是有边界的或者是不同事物之间具有联系内涵的有意义的"虚体"，只有当它被赋予从文化或区域环境中提炼出来的文脉意义时才成为"场所"。

空间的类型当然可以根据其特点分门别类，但每个场所却都是独一无二的，体现出其周围环境的特性或"气氛"。这种特性既包括"有材料质地、形状、肌理和色彩的有形物体"，也包括更多无形的文化交融，某种经过人们长期使用而获得的印记。例如英国巴斯的环形住宅和皇家新月形住宅的弧形墙，不仅仅是空间中实际存在的一个物体，并且反映了其源自环境、融于环境和与环境共存的特殊表现（图4-15）。人们需要一个相对稳定的场所系统来展现自我、建立社会生活和创造文化。这些需要赋予人工空间一种感情内涵，是超物质的一种存在。边界，或者说限定的边缘对于这种存在而言是很重要的。

建筑设计和景观设计有可能的话还要增强环境的可识别性和场所感，正如诺伯格·舒尔茨所说："场所是具有独特性格的空间。自古以来，场所精神就被视为人们在日常生活中不得不面对和妥协的有形事实。建筑的意义就在于将场所特征视觉化，而建筑师的任务就是创造有意义的场所供人们居住。"

那么城市设计师的角色就不仅仅是摆弄空间形式，而是整合包括社会在内的整体环境中的各个部分以创造场所，其目标应当是在物质空间和文化环境之间、现代使用者的需要和愿望之间寻求最适合的方案。最成功的场所设计经常源于对社会和物质环境的最小干扰而非彻底改造，在设计上采用"生态研究方法"发掘和研究一个特定地点的内在特征，其做法与现代主义运动早期的国际主义所倡导的正好相反。

现代主义晚期的分支至少在观念上开始向更加注重文脉的方向转变。20世纪50年代第十小组更推崇这种观念，提出"房屋是特定场所中的特定建筑，是现状社区的一部分，应当努力遵循该社区的戒律和规制"。在这一时期，第十小组专注于城市场所的定义，他们试图用围合界面、步行网络和簇状街区这类形式实现这个目标，正如英国建筑师彼得和艾莉森·史密森夫妇为柏林的豪普斯泰特所做的设计那样（图4-16）。该设计的意图是对的，但是作为对现状城市条件和街道

图4-15 英国巴斯环形住宅和皇家新月住宅平面（左）

图4-16 彼得和艾莉森·史密森夫妇设计的柏林奥普斯泰特方案（右）

多样化需求的呼应，其表现形式仍然是个问题，这个方案就像第十小组所做的其他设计一样，事实上并没有反映出荷兰建筑师阿尔多·范艾克为该小组所作的宣言："不管空间和时间意味着什么，场所和事件更重要。空间在人们意象中就是场所；我重申，连接建筑间空隙的空间体验是场所体验的一种回报。"

创造具有真正独特文脉场所的设计师，不仅要了解当地历史、大众的情感和需求、传统工艺和当地材料，还要了解社会的政治经济现实。所有的设计师都难免有错，但应尽他们所能首先确定现状环境中为满足人们的需求而做的设计"想要成为什么"。欧洲"文脉"设计师的领袖人物之一荷兰建筑师H·赫兹伯格说过："设计就是去发现人和事物想要什么：形式就这样自然出现了，真的不需要去创造什么——只需悉心观察而已。"

很显然，用这种观念来看，多数新近的城市开发、新城建设和郊区发展都未能创造出场所的概念，以呼应社会、文化和物质的环境。历史的象征和片段回忆消失了，伴随完整空间层面的时间延续性不复存在。在 20 世纪 60 年代的城市开发中，就连基本的场地限制也被忽略。房地产的经济利益和技术探索成为城市和郊区发展的驱动力。

城市更新和新城开发共同面临的问题之一，是设计师被迫完成项目的每个细节，没有为因个人需要或随时间演变而产生的变化留有余地，尤其在新城，这已成为一个两难的问题，因为它们经常是完全的成品而不允许使用者改变。居民没有机会带来他们过去生活的空间格局和建筑风格，或者改变他们的新家，来让他们感觉到熟悉的舒适环境和过去生活的延续。而市民应当对他们的环境实施某些控制。我们有太多的规划和用地区划管制条例，但是对区域环境和社会文脉却没有足够的人情味。第十小组成员之一的英国建筑师彼得·史密森说："没有人妄想场所的品质会从用地区划或总体规划中自行产生，任何良好的场所都部分来自于我们对它存在的感觉，和被一个自身具有特殊边界和潜力的空间类型地域所围绕的感觉。当我们前面提到的这种地域隐含着各种连接时，如存在于道路和建筑之间，建筑和建筑、树木、季节、装饰、事件以及其他时间的其他人物之间，空间才具吸引力。"

凯文·林奇，这位规划师和关于场所理论的重要著作的作者，进一步阐述了这种理念："就如同每个地方看起来应当延续不远的过去一样，它也应当看起来是对不远的将来的延伸。每个场所似乎处于发展中，充满预示和目标。空间和时间的概念在儿时出现并发展。两者在形成和特点方面有很多类似的地方……尽管是隐含着的，但空间和时间是我们安排自己经历的宏大架构，我们生活在时间的场所中。"

关键的问题是：过度设计和规划所产生的恶果就像任由市场随意跟风塑造城市所产生的危险一样，作为设计师该如何回应时间和场所呢？我们已经讨论过在现代城市中，将所有事情都交由私人开发者处理时所产生的设计不足的危险，同时我们也已经讨论了过度设计的事情，如过多的用地区划管制和规划，否定了历史延续性和居民对未来变化的意愿。我们的城市必须具有历史的延续性和空间的灵活性，我们在设计时不应丢掉这种弹性。作为设计师、建筑师和景观建筑师应当理解他们的角色，这甚至比他们如何处理我们当代的城市空间还重要。也许现代主义运动和当今规划的趋势最具破坏性的方面在于，设计师过分夸大自己的角色和对人性需求过于简单的臆断。关注历史文脉和满足社区渴望自我认同的谦恭行为，以及允许现有和未来社区在其环境中得以改变的弹性，也许是当代设计最迫切的需要。

以下将通过图解的方式来说明最近城市设计中对历史文脉、人性需求和场所本质呼应的尝试。当然建立或维系节点、路径、地标和边界，连接和界定城市片区、纪念建筑以及能够使城市产生意象的要素是关键的空间处理手段，然而在下面的例子中，成功的空间设计不是靠孤立的建筑，而是通过考虑了如何把新旧建筑和空间在已有的城市肌理中融合来实现的。

即使场所理论者对所要表达的事物有共同的价值观，他们的手法却相当多样。拉尔夫·厄斯金（Ralph Erskine）代表了一种与本土和有机系统呼应的尝试，新古典主义者关注用形式上的手法来使新建筑与现状连接，法国文脉主义者创造怀旧的拼贴来模仿城市的演变，凯文·林奇研究人在城市中心智地图的形成方式，而斯坦福·安德森（Stanford Andersen）研究街道的生态学，戈登·卡伦（Gordon Cullen）探索穿越空间序列的体验，卢西恩·克罗尔（Lucien Krott）则允许业主创造自己的设计。这些都代表了场所理论的一些主要设计方法。

厄斯金可能已经成为最著名和最受尊敬的文脉主义者之一。由于对地方场所中人和空间环境的呼应，他的作品在欧洲赢得广泛赞誉。他的项目可能比任何其他文脉主义者都多，他设计过居住社区、商业中心和工厂，都在建筑和空间形式上强调了场所中人的意义以及地段的历史。他的设计通过不拘形式的有机布置混合了拟建和现状的建筑，建筑似乎是从当地和区域中生长出来的一样。其具有浓重乡村风格的空间产生出逼真的气氛，如同它们一直就在那里一样（图4—17）。

与厄斯金关注有机秩序形成对比的，对文脉主义设计观点的另一种呼应是古典构成手法的复兴，包括对称、透视和其他形式的兴起。由斯文·马克柳斯在1926年为赫尔辛堡的孔瑟萨斯广场绘制的图纸和弗朗切斯科·迪乔治在16世纪绘制的一个理想广场的图纸，都说明了这种用古典原则组织周围杂乱

图4—17 厄斯金设计的瑞典维斯特维克城市中心复兴草图（左）

图4—18 马克柳斯设计的瑞典赫尔辛堡的孔瑟萨斯广场（右）

图 4-19 弗 朗 切 斯
科·迪乔治设计的
理想广场意象

元素以形成理想化室外空间的构思（图4-18、图4-19）。与厄斯金完全融入环境的空间设计不同，这些例子说明了"理想化"城市空间的力量。

　　类似的还有莱昂·克里尔的作品，它显示出如果设计具有足够的张力和明确的布局，一个理想化公共空间的城市设计是可以调和极端不同的建筑风格的。克里尔的新古典主义不仅具有范围广阔、多义性而且高度秩序化（经常是对称的）的特点，而且给予他要构建的对象以凝聚力和统一性。克里尔明确区分他称之为"古典社会"和"工业化社会"的不同内在价值，用永恒的价值和结构描述古典设计，他嘲笑地指出工业化世界浅薄和抽象的发展特质。他说："古典的就是同类中最好的，不只是指任何特定时期，而是任何结构中都可能是最好的、最完美和最美丽的形式。"克里尔的任务是重建传统城市街区以作为街道和广场的界定。克里尔的两个重建计划，一个在埃希特纳赫（图4-20），另一个在卢森堡（图4-21），他尝试通过一种形式上的、多方位的和水平的空间形态赋予城市统一性，公共空间成为联系新与旧、高与低、石头与玻璃、黑与白的积极形态。

　　"（城市空间的）复杂联系提供可以包含互相冲突的公共和私人领域，为各种可能提供了场所，为中间转换提供了地点……通过建筑手法表达了城市的文脉。"

　　另一个抵制功能主义者反对文脉的欧洲运动是巴黎城市形态实验室（TAU小组）的法国文脉主义（图4-22），这个机构是由安托万·格伦巴赫、阿兰·德芒容、布鲁纳·福捷、多米尼克·德苏耶尔等人创建的。他们的作品反映其不

图 4-20 克里尔设计
的教堂扩建，德国
埃希特纳赫

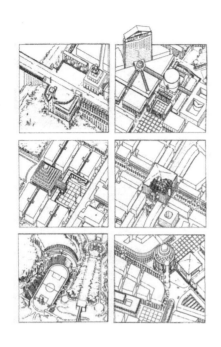

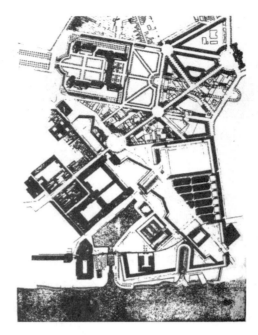

图 4-21　克里尔的卢
　　森堡重建方案（左）
图 4-22　巴 黎 城 市 形
　　态 实 验 室（TAU）
　　的法国罗什福尔规
　　划（右）

再执着于法国的现代大尺度开发，表达了对传统城市的怀旧情绪，拒绝接受近
年来的反城市思维方式并寻求失落城市的复兴之路。他们专注于发展和改变新
古典主义的形象，通过探索把纪念性建筑作为重新联系城市各个部分的骨架，
来寻求更有意义的城市延续。他们的文脉设计不在意特定的建筑类型而是关注
创造环境形态的开敞空间类型。在城市肌理中，他们刻意引入对比要素，如有
角度的建筑和空间，以打破现状空间的几何形式，结果形成了城市形态的一个
分层和沉寂的片段，其中被设计的要素似乎和现状之间存在着一种偶然的联系。
这样，通过模仿城市的成长历程，一个场所诞生了。

　　从各个部分来看城市，法国文脉主义者把城市当作一个并置的、形式和
空间之间对比的复杂系统——这种对比丰富了每个有组织区域的意义。这些法
国城市设计师们念叨着城市是记忆的剧院，怀旧和积累可以作为完美设计的来
源。在增加各不相关的几何形状和解决矛盾的空间类型时，他们的设计表现出
惊人的深度。在为了丰富设计而增加的相邻不相似的类型之间，他们把几何形
状的相交点作为"减震器"。他们认为城市是片段化和处于演变中的，这对于
现代运动中法国式固执而理性的大型开发是一种批判。

　　像法国文脉主义者一样，凯文·林奇在尝试定义场所理论时也从各个部
分来研究城市。他的著作《城市意象》在 20 世纪 60 年代早期给城市设计理论
重新指明了方向，林奇提出了设计城市空间的主要原则：① "易读性"，使用
者在街道上漫步时，头脑中形成的城市心智地图；② "结构和特性"，可识别
的和统一的城市街区、建筑和空间类型；③ "意向性"，使用者在移动时的感
知以及人们怎样体验城市的空间。林奇认为成功的城市空间必须满足这些要求，
并且他称之为 "城市形态的要素" 的城市各个部分，应当围绕这些要求而设计。

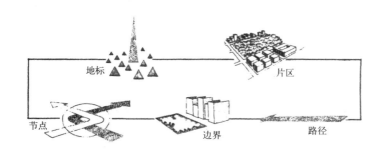

图 4-23 凯文·林奇
的城市空间要素示
意图

他的城市形态五要素包括路径、边界、片区、节点和地标（图 4-23），按照林奇的说法，每个城市都可以被划分成这五个部分，并且其空间结构可以被分析并作为设计的基础。

汉斯·霍莱因设计的德国门兴格拉德巴赫市立博物馆是另一个例子，说明强大的室外空间能在概念上统一新旧建筑并创造出一种场所感（图 4-24）。设计中通过对众多联系的表现，包括附近的社区、开敞空间和道路等，霍莱因生动诠释了他在设计中所要呼应的现状秩序，把重点放在强调文脉元素上是他创作这个项目的动力，这种做法既现代又对其重构的历史环境很敏感，从而取得了成功。这种方法使他在创造一个现代博物馆室内空间的同时，没有在公众领域留下真空作为副产品。霍莱因相信城市建筑应当被不同的层面所理解，从"小商店和咖啡馆"到"充满幻想和现实的整个城市"。换句话说，一个设计既要考虑街上的每个人，也要为那些希望洞察其深刻意义的人服务。

城镇景观艺术家戈登·卡伦用图画来捕捉经过空间时运动的感觉，有效地解释了文脉空间的复杂层次和乡村风貌。除了场所感知和空间意象，他也含蓄地指出了城市外部空间的精神内涵、物体和移动的关系及进出城市空间的经历。他用艺术家对画面的感觉，通过图画研究了穿过空间的序列流动性（图4-25）。卡伦给二维平面带来了生命，"像轻轻推醒了一个在教堂打瞌睡的人"，

图 4-24 汉斯·霍莱
因设计的德国门兴
格拉德巴赫市立博
物馆（左）
图 4-25 戈登·卡伦
的城镇景观的透视
序列（右）

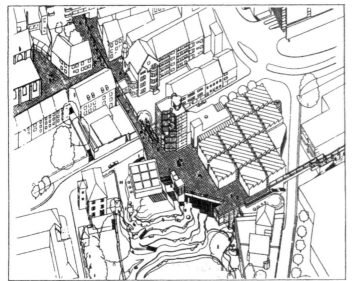

通过描绘那些说明对比和转换的透视序列，强调了三维的有利作用。在视觉的范围内，平面图纸中即使最轻微的变化、投影和退后都被明确表达了出来。卡伦关于乡村和城市环境的图画努力定义场所和文脉，同时也可以作为设计的评价和分析方法。

　　另一种理解文脉的方法是唐纳德·阿普尔亚德对旧金山居住街道的研究。在其《宜居街道项目》一书中他探索了街道空间的物质和社会复杂性，并发展出街道生活的生态学以评价交通对室内生活和家庭中活动联系的冲击（图4-26）。他进一步记录了人们怎样改变环境来抵制交通以及他们控制交通的努力。阿普尔亚德的研究对我们理解街道很关键，除了机动车交通和停车的功能外，街道还可以提供混合功能和社会交往。作为城市文脉中的空间元素，临街空间巧妙衬托了城市空间中公共和私人生活的交融。

　　当今文脉主义浪潮中急需的是，在创造城市空间形态时，通过丰富的、足以容纳每个人的环境结构，来防止无主土地的不亲切感。用荷兰建筑师H·赫茨博格的话说，在改造失落空间时我们必须"让人们有更多机会用各自的特色给环境留下印记……使它能被每个人作为亲切的场所来使用……用这种方式，空间形式和使用者相互理解和适应，在一个交互的过程中彼此强化"。赫茨博格批评自给自足和单一目标的环境，并将其观点应用于一些欧洲重要建筑项目的设计中，把城市视为整体并在重叠贯通的空间中包容多种社会形态，这些空间是他可以留下的未完成空间，为了让使用者自己适应环境。

　　卢西恩·克罗尔1970年设计的布鲁塞尔鲁汶天主教大学医学院学生宿舍综合体，把这种做法进一步应用在社会建筑中，那里的居住者根据自己的生活意愿，在构建空间时扮演更主动的角色。使用业主直接与建筑师一起工作，运用"套装部件"管理建筑，并且将建筑材料，如砖、混凝土块和石棉瓦等组合在一起作为城市历史与居民复杂性的特殊表达（图4-27）。克罗尔关于这栋建筑的说法，也适用于一般的城市设计："幸运的是，我们既不希望这些空间成为艺术品，也不想使其成为一类知识的成就，而是一个生活过程，一个开放的动态活动，其中每个时代的居民都能增添新意，并以本身的对比来丰富它。"

　　我们已经知道具有文脉意义的空间是包容和多元的，与过去的建设、社交和事件片段通过丰富和层叠的混合方式结合。在现代城市空间中重复或反映

图4-26　阿普尔亚德的宜居街道的生态学，加利福尼亚伯克利（左）

图4-27　克罗尔设计的比利时鲁汶天主教大学医学院（右）

的文化象征，就像与周围地段或建筑的空间联系一样，对于创造反映文脉的城市空间非常重要。一个自生且演变中的城市形态比完全由外界强加的秩序更令人满意，前者一般是一个更流动和更乡村风格的空间，其中各不相干的要素被连接在一起，新的片段均能适应，场所如同是历经时间变化而形成的。当然古典形式主义并不能成为一个可更换部件的架构，它可以作为理想化公共和私人空间中各种秩序的骨架。我们知道区域主义和文脉主义在宜居性方面有很多事情要做，也就是居民的身份感和对个人空间的控制。在探讨文脉设计的方法时发现，我们已经拥有了一个巨大的资源，在这个基础上可以为后现代城市建立一个新型的多元设计。如果我们设计时考虑恢复和复兴文脉和场所，这类方法是十分必要的。

思考练习题

1. 图底关系理论、联系理论、场所理论这三种理论侧重研究的内容是什么？
2. 在图底关系理论的分析中，我们可以得出什么结论？
3. 联系理论中的线性关系指的是什么？
4. 建设场所的意义是什么？

城 市 设 计

5

城市设计的工作过程

教学要求

通过本章的学习，了解不同类型城市设计实际工作内容及其过程中的注意事项。

教学目标

能力目标	知识要点	权重	自测分数
掌握城市设计过程的含义	广义与狭义的区别	10%	
掌握城市设计的一般过程	各个过程的主要内容	20%	
了解总体城市设计	总体城市设计的内容	20%	
了解重点片区城市设计	重点片区城市设计的内容	15%	
了解街道空间城市设计	街道空间城市设计的内容	15%	
了解城市广场城市设计	城市广场城市设计的内容	10%	
了解滨水空间城市设计	滨水空间城市设计的内容	10%	

5.1 城市设计过程内涵

5.1.1 广义的城市设计过程

从广义角度来看，城市设计是一种政策过程。城市设计在对城市形态、空间以及城市人文环境的综合设计过程中，往往要受到权力、市场、公众和技术等多种因素的影响、制约和主宰，这样的关系既是挑战，也可转化为契机，使城市设计最终成为一种折衷的、讲求综合效益的设计，而不再是纯艺术和技术的产物。支持城市设计成立的依据和基础是多方面的，是具有价值取向和感受取向的，这就意味着城市设计实质是一种决策过程。巴奈特说："一个良好的城市设计绝非是设计者笔下浪漫花哨的图表与模型，而是一连串都市行政的过程，城市形体必须通过这个连续决策的过程来塑造。因此城市设计是一种公共政策的连续决策过程，这才是现代城市设计的真正含义。"

从城市设计涵盖的内容及其所起的作用来看，城市设计是对某一地域城市环境中的人类生活方式和行为等一系列生存权益集合的规划设计，影响甚至决定这一规划设计的关键性的问题即是城市设计的价值取向。城市建设与规划的动态性决定了城市设计是一种连续的决策过程，其首先面临的是利益的归属与分配问题，而不仅仅是就其内容所反映的城市形态环境问题。

城市设计是一种政治过程，马格文认为，城市设计除了作为核心的物质形式合成的内容外，因为讲求公众利益，很明显还是一个政治过程，并含有经济内容。从实践角度讲，城市设计需要植根于社会和环境的文脉。马德尼波尔称城市设计是一种"社会 – 空间过程"，他认为，城市设计根植于政治、经济和文化的过程，设计很多与社会 – 空间结构相互影响的机构，城市设计只能在其社会 – 空间的文本上得到理解。20 世纪 80 年代，日本的城市创造理论就强调人民自己参与的发展过程，它的定义是"一定地区内的居民自己创造一个自己能够主宰自己生活的、方便的、富有人情味的共同的生活环境"。

1972 年波特兰市中心区规划清楚地表明，尽管城市规划的最终成果是一种（或多种）物质结构，但其中的主要行动实际上属于社会、政治和文化范畴。城市场所可以是优雅的、漂亮的甚至天才的建筑和景观作品，但只有使之与使用和培育它们的人之间建立联系，才能实现真正的"杰出性"。波特兰能够扭转其城市中心衰落的状况，是因为它在城市规划专家面前加入了一个关键的主体：充满热情且活跃的市民，他们很清楚自己期望城市设计给他们带来什么。通过将市民们结合到项目中，强化了他们对城市所承担的责任，这是获得重生的一个关键因素。

5.1.2 狭义的城市设计过程

狭义层面的城市设计过程有两种不同的形式：

（1）自下而上的设计过程。正在进行的相对较小规模的累积，通常包括试验和修正、决策和干预几个步骤。许多城市以这种方式缓慢和渐进地发展，从来没有作为整体进行设计。这种情况所引致的环境在今天受到高度评价。由于城市变化的步伐相对缓慢和范围相对较小，因此这样也是可行的。目前还无法评论的是，许多当代城市环境也以这种特别和局部的方式发展，没有专门规划和设计。

（2）自上而下的设计过程。通过开发和设计方案、计划和政策，不同的关系被有意识地整合、平衡和控制。

自上而下的设计过程一般有四个关键阶段：简要定位、设计、实施和实施后评价。在每个阶段，当收集到新的资料和影响因素时，问题的性质更明晰，并产生一个反复的设计过程（包括设计政策和其他指引）——根据新的设计目标重新考虑方案，或者分步实施设计，并且当以后新的外部影响因素出现时，对设计进行调整。每一个阶段代表一系列复杂的活动。尽管这通常被概念化为一个线性的过程，事实上，它是循环的、反复的，而且各种设计过程图比显示出来的活动更灵活和直观。在这个层面上，城市设计类似于其他设计过程，如城市尺度上的城市规划、单体建筑设计、基础设施工程，以及不同空间尺度的景观设计。这又一次强调城市设计在开发和规划过程中的地位，以及它具有的多学科和多参与者的性质。

5.2　城市设计的一般过程

城市设计的设计过程与城市规划的步骤基本一致，通常包括：调查、分析、定位、方案、实施保障这五大方面。

5.2.1　调查

不同地域的城市，其风格不尽相同，调查内容包括城市性质、城市个性、建筑形态肌理和组合模式、建筑日照系数、城市道路网密度、生活方式（居住区及城区布局）、该城市发展的状况（每个城市都具备它独特的个性和美好的一面，需要传承；但也有落后和陈旧的一面，需要改造和创新），进一步到基地发展状况的分析。

（1）现状及周边建设情况

现状用地及建设情况，以及周边建设情况和对基地的影响，周边重点项目对基地的影响。

（2）现状地形、水系、道路分析

特别是山地、丘陵的地形一定要根据现状情况进行实地踏勘，在现状调查时注意观察有无景观通廊存在的可能性；水系要调研的内容包括航道等级、桥梁的梁底标高、水系两侧岸堤处理方式及两侧景观等；道路需要明确红线宽度、有无交通堵点等。

（3）控规指标对基地的影响

控规指标包括建筑高度、容积率、建筑密度和绿化率等（城市为人所用，城市设计应从城市空间、城市肌理、公众利益、美学角度等来论证基地的指标，并对控规进行优化）。控规中，经常会将公共绿地和周边地块机械地划分开，城市设计中可考虑将 G 类用地和其他性质的用地共同开发，以提高整个地块的经济效益和环境效益。

(4) 地域特色

地域特色包括地方文脉、建筑风貌、自然资源特色等，如山、水、城，风土人情。

5.2.2　分析

(1) 现状条件 SWOT 分析

通过对现状条件的梳理，提出 SWOT 分析，S（Strengths）是优势、W（Weaknesses）是劣势，O（Opportunities）是机会、T（Threats）是威胁。

(2) 使用人群分析

每一个城市设计最终都是针对使用这一空间的人而服务的，因此在构思方案前，务必要考虑清楚设计范围内的服务人群类型，按照服务人群的划分，便可对设计范围内的建筑空间功能进行界定，进而明确产业体系。

(3) 产业分析

根据现状产业情况、区位情况、周边产业基础以及未来设计范围内服务人群定位，提出合理的产业分析，只有明确了功能，才能展开后续的空间构思设计，所谓功能决定空间。

(4) 案例分析

找若干成功案例进行分析，如相近地域、相近功能区、相近建设规模的案例，对采用的案例进行多角度对比分析，提出可借鉴的思路，并避开已实施案例的失败之处。

5.2.3　定位

(1) 项目定位

依照前述的产业定位、人群定位以及在未来所承担的城市功能，提出项目的定位，一般以项目的主要功能加上所承担的城市功能浓缩成一句话，用来高度概括该项目的定位，言简意赅。

(2) 设计理念

设计理念往往是该项目的精华之处，需要融合现状条件、未来发展趋势、先进的造城理念、便捷的交通手段等提出。如：无碳社区、绿色低碳、步行社区、活力核心等。

(3) 规划策略

规划策略是设计理念的实现手段。比如：如何打造一个步行社区，规划策略就可围绕这一理念进行构思，可以通过规划小街巷的尺度，让空间尽量做到以步行空间为主。

5.2.4　方案设计

方案设计是城市设计过程中最重要的部分，除了呈现方案本身，还需要将设计的构思通过分析的形式进行说明，多角度、多方位、多维度地展示方案。

除了方案本身，在这一部分还需说明方案结构、交通、景观、建筑功能、土地开发强度、开敞空间、天际线及地下空间等分析。

5.2.5　实施保障

实施保障是城市设计实施的有关对策以及实施的相关运作机制。主要有开发时序、与相关专业的协同工作以及近期重点工程项目预算等。

5.3　总体城市设计

5.3.1　总体城市设计的任务

（1）总体城市设计是研究城市的风貌和特色，对城市自身的历史、文化传统、资源条件和风土人情等风貌特色资源进行挖掘提炼，组织到城市发展策略中去，创造鲜明的城市特色。

（2）宏观把握城市整体结构形态、竖向轮廓、视线走廊、开放空间等系统要素，对各类空间环境，包括居住区、工业区、中心商务区等进行专项塑造，形成不同区域的环境特色，对建筑风格、色彩、环境小品等各类环境要素提出整体控制要求。

（3）构筑城市整体社会文化氛围，全面关注市民活动，组织富有意义的行为场所体系，建立各个场所之间的有机联系，发挥场所系统的整体社会效益。

（4）研究城市设计的贯彻实施运作机制。

5.3.2　总体城市设计的基础资料

（1）地形图

特大城市、大城市、中等城市地图比例宜采用1：10000～1：25000，小城市、镇的地形图比例宜采用1：2000～1：5000。

（2）城市自然条件

包括城市的气象、水文、地形地貌、自然资源等方面。

（3）城市历史资料

历史沿革;具有历史意义的场所遗址、遗址的分布及评价;城市历史、军事、科技、文化、艺术方面的显著成就，重要的历史事件及其代表人物;历史文化名城的保护状况。

（4）城市空间环境与景观资料

1）城市结构和整体形态特征，各项用地的分布、容量、空间环境特征;

2）城市现状具有特色的天际轮廓线以及从历史和城市整体角度出发应恢复和重点突出的天际轮廓线;

3）城市现状主要景观轴线、景观区、经典的空间分布及景观构成要素特征；

4）反映城市文脉和特色的传统空间，如传统的居住区、商业区、广场、步行街及其他历史街区的形态特征和保护、控制要求；

5）城市的建筑风格与城市色彩；

6）城市园林绿地系统现状，景观绿地分布和使用情况；

7）城市交通系统组织方式、步行空间、开放广场的分布；

8）城市地下空间利用的现状及开发潜力；

9）城市的基础设施布局；

10）城市环境保护现状及治理对策。

（5）社会资料

1）城市人口构成及规模；

2）城市中市民活动的类型、强度与场所特征；

3）反映城市特色的社会文化生活资料；

4）市民对城市的印象和感受，对改善城市形象环境的意见；

5）城市的风俗民情。

（6）区域城市设计研究对城市景观环境的控制要求

5.3.3 总体城市设计的内容

（1）城市风貌特色

城市风貌特色涉及城市风格、建筑风格、自然环境、人文特色等方面，重点分析其资源特点，提出整体设计准则。

（2）城市景观

1）城市形态

根据自然环境及城市历史发展的积淀，在现有规划的基础上，构筑城市空间形态特色，其内容主要包括：①自然地理条件特征的运用；②城市历史文化特色的保护与发展；③城市空间形态艺术处理。

2）城市轮廓

①城市天际线与竖向控制

利用地形条件，处理好城市空间布局、建筑高度控制、景观轴线和实现组织等方面的关系，结合地形特征、建筑群与其他构筑物等方面内容，创造城市良好的天际线。

②建筑高度分布

布置好建筑高度分区，提出标志性建筑高度要求、重要视线走廊范围内建筑高度、形式、色彩的规划要求，提出重要标志物周围建筑高度、特色分区的控制原则。

③景观视廊

合理组织重要的景观点、观景点和视线走廊，通过限制建筑物、构筑物的位置、高度、宽度、布置方式，保证城市景点的景观特色。

3）城市建筑景观

在分析城市现状建筑景观综合水平的基础上，提出民用建筑、公共建筑和工业建筑在建筑风格、色彩、材质使用等方面的设计原则。

4）城市标志系统

对标志性构筑物、标志性建筑物和标志性城市空间环境等进行研究，提出标志系统的框架和主要内容。

（3）城市开放空间系统

1）城市公园绿地

城市公园绿地设计的任务是对现有公园绿地空间进行系统的调查分析，从公共空间和场所意义角度进行综合评价，确定发展目标，结合城市性质和功能提出发展对策和控制引导措施。

2）城市广场

组织好城市中心广场、各种不同规模不同类别的中小型广场，确定各主要广场的性质、规模、尺度、场所意义特征。

3）城市街道

城市整体街道空间的布局结构和功能组织；城市步行街、步行区系统的组织；街道的建筑物、构筑物、绿地等元素构成的整体景观效果；公共开场空间的组织。

（4）城市主要功能区环境

对主要的功能区域进行特色、风格和环境等方面的具体研究和引导，这些功能环境主要包括：居住区、中心商业区、历史文化保护区、旅游度假区、高校园区、工业区、自然生态保护区等。

（5）重点项目方案设计意向

为了使设计成果更具有可操作性，更深入地表达城市设计的整体意图，对具有代表意义的重点项目的体形环境进行意向性设计，并为下一步正式设计打下一个借鉴的基础。

（6）实施运作机制

提出总体城市设计实施的有关对策以及实施的相关运作机制。

5.3.4　总体城市设计的成果深度与表达方式

（1）成果的表达方式

1）设计文件

总体城市设计成果文件包括文本和附件，说明书（或研究报告）和基础资料收入附件。文本是依照各项设计导则提出的规定性要求的文件。说明书（研究报告）是整个设计工作的全面说明，其中包括：①理论基础、研究方法和研究范围；②规划基础资料分析；③城市环境质量评价；④设计目标；⑤设计原则；⑥对策与措施。基础资料包括城市自然环境、人文景观、人文活动等城市设计相关要素的系统调查成果。

2）设计图纸：包括各个系统的设计图、设计导则的配套分析说明图和重点项目形体设计方案示意等。

（2）成果的深度要求

①总体城市设计成果的深度以结构清晰、目标明确、具有可操作性为原则；②基础资料的调查是设计的关键环节，要有一定的深度，具体问题的调查分析要准确、详细，并进行适当的归纳和总结；③针对各自系统的设计研究内容，应该在分析归纳问题的基础上，对需求、基本原则、对策措施等内容系统归纳；④分析研究中充分引用现状图片等形象资料；⑤设计导则要结合必要的图示、表格等说明问题。

5.4 重点片区城市设计

5.4.1 重点片区的主要类型

城市重点片区是形成城市空间结构的主要内容，是展现城市风貌特色的集中代表，是传承城市历史文化的重要物质载体，是市民进行公共活动的重要场所，一般可以分为以下几种类型：

（1）城市中心区：城市中市级公共设施比较集中，人群流动频繁的公共活动地段。根据其功能特点，城市中商业设施比较集中的地区是商业中心区；大城市中金融、贸易、信息和商务活动高度集中，并附有购物、文娱、服务等配套设施的城市中经济活动的核心地区是中心商务区；此外，还包括以行政办公为主要功能的行政中心区等。城市中为分散市中心活动强度而设置的次于市中心的市级公共活动中心，则被称为城市副中心。

（2）历史文化保护区：城市中文物古迹比较集中连片，或能较完整地体现一定历史时期的传统风貌和民族地方特色的街区或地段。经县级以上人民政府核定公布的应予重点保护的历史地段被称为历史文化保护区。

（3）城市滨水地区：城市范围内水域（江河湖海）与陆地相接的一定范围内的区域，由水域、岸线和陆域三部分组成，是城市建设地区中的特殊地带。

（4）城市骨干轴线：历史性城市轴线、城市礼仪性大道、林荫大道、商业步行街、主要景观带等。

（5）风景区：城市范围内自然景物、人文景物比较集中，以自然景物为主体，环境优美，具有一定规模，可供人们游览、休憩的地区。

5.4.2 重点片区城市设计的任务

（1）重点片区的城市设计是以总体城市设计为依据，对城市的重点地区在整体空间形态、景观环境特色以及人的活动所进行的综合设计。

（2）重点片区的城市设计重点在于对片区内的土地利用、街区空间形态、景观环境、道路交通以及绿化系统等方面作出专项性设计，对建筑小品、市政设施、标识系统以及照明设计等方面进行整体安排。

（3）重点片区的城市设计应与城市分区规划、控制性详细规划紧密协调，构成规划管理的依据。

（4）重点片区城市设计的主旨，是强调城市自然环境与人工环境的相互协调，城市空间环境的艺术安排以及城市环境中人的活动的最大满足。

（5）片区内单体建筑、环境小品、园林绿化的设计由建筑师、园林设计师承担，不属于城市设计的工作范畴，但必须符合城市设计提出的引导要求。

5.4.3 重点片区城市设计的基础资料

重点片区城市设计的基础资料应根据片区的不同类型、不同特点、不同规模范围进行有重点的收集、整理和分析。

（1）地形图

特大城市、大城市、中等城市地形图比例宜采用 1：5000～1：10000，小城市、镇的地形图比例宜采用 1：2000～1：5000。

（2）土地利用资料

规划地区土地利用现状情况，规划功能分区；总体城市设计对规划地区土地利用的要求。

（3）城市自然条件

规划地区的气象、水文、地形地貌、河湖水系、绿化植被等。

（4）城市历史文化

规划地区的历史沿革、历史文化遗产及保护等级、保护状况等；规划地区内的重要历史事件、历史名人、文化传说等；名木古树；列为各级历史文化名城的城市重点片区城市设计应将历史文化名城保护规划作为重要的基础资料。

（5）社会资料

规划地区人口现状及规划资料；规划地区经济发展现状及规划资料；规划地区传统习俗、民风民情等；市民活动的主要类型、活动场所以及环境行为特点等；市民城市意向调研。

（6）空间形态资料

1）规划地区的现状建筑空间总体形象、空间轮廓线；

2）规划地区的现状空间结构特点；

3）规划地区的现状建筑形态、建筑风格等；

4）规划地区的特色建筑群体空间等。

（7）总体城市设计对规划地区的控制导引

（8）其他相关技术资料

道路交通现状及规划资料等；市政基础设施现状及规划资料等；有关规划建设单位对规划地区的发展规划设想，包括建设项目、投资计划和实施步骤等。

5.4.4 重点片区城市设计的内容

（1）重点片区城市设计研究范围的确定

(2) 重点片区的总体形态特征研究

总体布局；功能分区；风貌特色。

(3) 重点片区的空间结构分析

空间结构分析（轴线、节点、特色区域等）；开放空间系统（道路系统、步行街、公园绿地等）；建筑形态研究（城市肌理、标志建筑等）。

(4) 重点片区的交通系统组织

与城市总体交通系统的联系；道路交通网络与交通流线；静态交通和公共交通组织。

(5) 重点片区的景观设计

1) 对景点、景区、观景点、景观视廊的用地范围、协调区范围的规划设计及综合控制；

2) 对开放空间系统中的广场、步行街、公园绿地的主题内容、布局特点以及风格特色提出景观设计要点；

3) 对规划地区的天际轮廓线提出控制设想，对城市街景立面的规划设计提出导引。

(6) 重点片区的人文活动安排

1) 空间景观环境中的人文特色规划；

2) 不同类型人文活动的空间分布；

3) 游人休憩散步及观光活动路线；

4) 宜人活动空间的详细规划设计。

(7) 实施运作机制

提出城市设计实施的有关对策以及实施的相关运作机制。

5.5　街道空间城市设计

5.5.1　街道的景观类型

街道是一种城市线形开放空间，街道空间作为支持城市活动的基础设施及作为城市空间的主要组成部分，具有多样、复合的功能。根据街道的通行功能、空间功能、沿道状况，以及远景的种类，可以将街道分成五种景观类型：城市标志性道路（城市轴线道路），繁华街，大街，生活系小路，街巷、胡同。除了上述五种基本类型之外，还有以下几种特殊类型的道路:滨水道路（河畔、湖畔、海岸道路），公园周边道路，散布道。

5.5.2　街道空间城市设计的基础资料

(1) 地形图

宜采用 1 ：500 ～ 1 ：1000 的地形图。

(2) 调查与分析的基础资料

上层次规划中有关道路体系及道路空间的规划构架；涉及对象及周边地区的

地形图;经济、社会的制约条件及法规的制约条件;地域的历史文脉与自然条件;城市空间整体的城市设计理念与基本方针;街道空间的景观特性与景观资源。

5.5.3 街道空间城市设计的任务

街道空间城市设计主要应满足以下几方面的功能要求:

(1) 交通功能:处理好人与车辆交通的关系;处理好步行道、车行道、绿带、街道节点以及街道家居设施各部分关系;现代的街道空间应按四维空间考虑,但同时应注意要尽量使人们在同一层面上运动;应尽可能地将行进的主要目标安排在街道人流动线上,减少过分的曲折迂回;不同地段的街道,随人流和车流疏密程度的不同,其横断面的幅宽也应有所变化。

(2) 空间功能:贯彻步行优先的原则,实行人车系统分离;建立具有吸引力的步行道连接系统。

街道景观的构成是街道空间形成,即街道空间城市设计的重点。在街道景观设计中处理好使用、形体和空间环境秩序的连续性是非常重要的。街道空间的景观构成要素种类繁多、数量庞大,对街道空间的城市设计,为了克服街道景观繁杂的通弊,在贴切地把握各景观构成要素存在意义的基础上,应尽力舍弃那些不必要的要素,使街道空间的景观构成更为清晰,这是街道空间城市设计的原则。

5.5.4 街道空间城市设计的内容

街道空间城市设计的内容,按照设计对象的街道是新设还是改筑有很大的不同。新设街道空间的城市设计应包括以下的内容:

(1) 街道景观课题的发掘与整体形象的构筑

城市、地域文脉的解读;街道景观的素质诊断;街道特色的发掘与表现。

(2) 街道的基本设计

街道的比例构成(横断面构成、街道幅宽与沿街建筑物高度比、街道延长与幅宽比);街道线形设计(平面线形、纵断面线形);街道立体结构设计(高架街道空间立体化横断面形状、立体化构筑物的设计)。

(3) 重要节点的设计

交叉口;桥;站前广场;停车场;地下出入口;隧道;步道桥;路侧广场;小建筑(交通岗、派出所、公共厕所、小卖店、报亭等)。

(4) 街道绿化设计

绿化布局;植栽树种选定;绿化层次种类组合。

(5) 街道铺装设计

路面构成;路面竖向处理;铺装材料选定;车行道铺装设计;人行道铺装设计;街道两侧护坡处理。

(6) 沿街建筑景观面的规划设计

沿街建筑形态规划;建筑立面设计;后退红线与街角广场的设计;沿道设

施的一体化设计；室外广告和招牌的设计规划；历史建筑物的保存与修景设计。

（7）街道家具设施与标志系统设计

人车分离设施（防护栏、分离桩）；街道照明系统；步行者用设施（公交车乘降车站、电话亭、座椅、邮筒等）；公益设施（电线杆、配电盘、变压器、垃圾箱等）；地域标志系统设计。

改筑街道空间的城市设计，除了以上内容之外，还应注意以下两点：

（1）由于街道的路线、线形及道路结构等街道的基本形态难以变更，城市设计的重点应在街道横断面构成的改造，路面铺装及修景绿化，同时应避免过度装饰。

（2）尽可能不缩小街道横断面幅宽，相反，通过沿街建筑物后退红线达到扩幅也是可能的。此外，还可以考虑选择更适宜步行街道空间的树种替代既有的路树。

5.5.5　步行空间城市设计的内容

（1）步行空间的功能构成

交通型步行空间（通过交通和可达功能，交通方式转换功能，公交车和出租车乘降车站及行车和摩托车停车场设置功能）；非交通型步行空间（非交通目的或无目的的步行功能，如散步、跑步、休息、游戏、观光、购物等活动功能）；环境、防灾、街道设施设置功能。

（2）步行空间的形态规划

步车时间分离型（节假日的步行者天国、每天定时的上下学道路）；人车空间分离型（立体高架步道、人工地面、地下步行空间、步行专用道、车行道两侧的步行道）；人车非分离型（步车融合型步车共存道路、社区道路）。

（3）步行专用道路与绿道的设计

寂静空间；交流空间；滨水散步道；带状绿地。

（4）商业步行街的设计

商业步行街的交通组织（完全步行化商业街、只允许公交车通行的商业步行街）；商业步行街的空间形态设计（开敞式、半封闭式、全封盖式）。

（5）人车共存性街道设计

人车共存式街道的形态设计（人车分离型共存街道、人车融合型共存街道）；人车共存式街道的设计要素（蛇行车道、减速驼峰、狭窄路幅、终端型道路）。

（6）消防车和急救车通过措施

（7）残疾人通行辅助设施

5.6　城市广场城市设计

5.6.1　城市广场分类

城市广场是城市中人为设置以提供市民公共活动的一种开放空间。按照性质、功能、在道路网中的地位及附属建筑物的特征，城市广场一般可分为市政广场、纪念广场、文化广场、商业广场、游憩广场、交通集散广场等六种类型，根据需要，单个城市广场在保证主体突出的前提下，其性质、功能也可重叠设置，形成多功能广场（交通集散广场除外）。

根据在城市空间中的地位，城市广场还可分为城市中心广场、区级中心广场、社区广场三个级别。

5.6.2 城市广场城市设计的基础资料

城市广场的规划设计应建立在对城市社会环境和自然条件进行充分调查和可行性评估的基础上，确定城市广场规划实施的合理性和现实性。

（1）地形图

包括广场所在地周边地区在内的地形图，比例尺宜采用1：500～1：1000。

（2）社会环境的调查与评估资料

①历史文化调查：对当地的历史沿革、重要历史文化遗产、重大历史事件和人物以及有特点、有影响的文化、艺术形式（包括民间艺术）等进行调查评估，以确定广场的历史内涵和文化内涵；②人口构成与生活方式调查：对使用广场的市民以及外来人口的数量、年龄、起居时间、休闲方式、交际方式等进行调查，评估广场建设对市民生活可能产生的影响，以确定广场的性质、数量及分布；③交通调查：对广场所在地不同时间段的车流、人流进行调查，评估广场选址对交通的影响、城市交通的承受力和市民利用的可能性；④经济状况调查：对当地经济发展水平和经济运行特点进行调查，以确定城市广场的建设档次、建设主体和投资渠道。

（3）自然条件的调查与评估资料

①地理特征调查：了解广场所在地的地形、地貌特点和经济地理特征，力求人工环境与自然环境和谐统一；②气候特征调查：对当地的日照、气温、雨水、台风等进行调查，以了解规划设计中对遮阴、避雨、排水、防风的需要；③用地调查：对广场所在地的土地利用条件以及周边用地的建设环境进行调查，以确定广场的规模、尺度和空间形态；④水资源调查：分别对地上水和地下水进行调查，确定广场与水面的造景关系，了解排水问题、地下空间利用的可能性和道路的路基问题；⑤植物状况调查：对植物品种、各个季节的色彩变化、树形等进行调查，以确定对植物品种的选择和搭配。

5.6.3 城市广场设计的原则

城市广场设计应充分体现时代特征和地方特色。

①城市广场的使用应充分体现对"人"的关怀；②城市广场的功能趋向综合性和多样性；③城市广场的形态趋向复合式和立体化；④继承城市历史文脉，追求灵巧、自由、实用；⑤适应地方风俗文化和生活方式，增强广场的凝聚力；⑥强化地理特征，体现地方特色；⑦适应资源气候条件，创造地方特色；

⑧体现市场经济特色，鼓励多方参与、共建广场；⑨城市广场城市设计的内容。

5.6.4　城市广场设计的任务

城市广场设计应通过合理的设施配置、和谐的空间组织、完善的市政配套，实现城市广场的使用功能，创造丰富的广场空间意向，并综合解决城市广场内外部的交通与联系。设计内容主要包括：①广场规模、尺度的确定；②广场空间形式的处理；③广场景观设施的设置；④广场服务设施的配置；⑤广场交通的有机组织；⑥广场的竖向设计和市政配套。

5.7　城市滨水空间城市设计

5.7.1　城市滨水空间的分类与景观设计要素

（1）河川和运河

1）河宽超过100m的大河川：具有宽阔的水面和较高的河床，对岸的建筑物或远景的山脉可被眺望，其具有宽阔与开放感的景观特性是城市设计的要素。

2）河宽约在50m至100m的中河川：周边的建筑物看上去相对较小，而水面、较高的河床和护岸对景观影响较大，因此对护岸周边景观要素的设计可产生很强的修景效果。

3）河宽约在50m以下的小河川：由于可清晰地观望到周边的建筑物，因此不仅河川的形态，周边环境也是城市设计的重点。

4）宽度在数米左右的狭小水系：可作为城市景观的修景要素。

（2）海边、湖泊与池塘

1）海边：海边最大的景观特点是可以感受大海的魅力，眺望海的视线设计是海边景观设计的重点。此外，海边与海上活动的设计可提高亲水性，伴随海上体育运动的发展，由海上向陆地的景观设计也越来越重要。

2）湖泊与池塘：湖泊与池塘的景观特点是具有比较集中的开敞空间，增强水面与周边景观的一体感是景观设计的重点。某些场合可考虑将湖泊和池塘公园化。

5.7.2　城市滨水空间城市设计的原则

河川、湖泊及海岸线等滨水地带除了可作为人类活动的场所之外，还具有作为多样生物栖息地的特殊环境功能，因此，城市滨水空间城市设计应遵守以下原则：

（1）利用上的舒适性。

（2）水边生态学的合理性。

（3）地域风土和历史文化的继承性。

（4）水利工程的合理性。

（5）作为风景要素的和谐性。

5.7.3 城市滨水空间城市设计的基础资料

（1）地形图

河川流域、湖泊沿岸周边地域、滨海地带的广域地形图，比例尺宜采用 1：10000 ～ 1：50000（广域现状把握用）；包括规划设计对象地段在内的地域地形图，比例尺宜采用 1：500 ～ 1：1000（规划设计地段现状把握用）。

（2）河川流域、湖泊沿岸周边地域、滨海地带的现状调查

①自然生态：水质、平水位、高水位、水害记录、地质结构。②滨水地域空间：土地利用现状及城市总体规划、排水系统规划、公园绿地规划、道路系统规划、土地利用规划、环境管理规划。③社会经济：水利用状况、水利设施、防洪规划、旅游规划。④心理行动：地方政府及市民的利用意向。⑤文化：历史文化资源。

（3）规划设计对象地段周边地区现状详细调查

①地质、植被、微地形现状及河岸材料。②低水位。③土地利用现状及开发动向。

5.7.4 城市滨水空间城市设计的内容

（1）水边设计

①护岸及构筑物设计：堤防和护岸、堰等治水和利水设施。②近水设施：通往水边的路径、台阶。③水边道路。④水边建筑。

（2）水边小道具设计

①护栏和隔栅等安全防护设施。②休息设施。③标志系统。④亲水性临时构筑物。

（3）绿化设计

①树种、植栽的构成。②水边绿化。③有堤河道的绿化。④滨水空间与邻接地的衔接部分绿化。⑤局部修景绿化。⑥既有树木的保存。

（4）夜景的演出

①水面照明设计。②沿岸道路照明设计。③滨水公园照明设计。④临水建筑物照明设计。⑤夜景演出小品的设计。⑥夜景观赏场所设计（包括散步道）。

（5）重点节点设计

①桥与桥头平台。②滨水公园与绿地。③游艇停靠场。④水边小广场。⑤其他眺望场所。

（6）周边环境与公众活动的设计

①周边良好景观的借景。②周边景观的诱导。③可眺望建筑物与桥梁等的设计。④具有历史文化传统的水边活动的设计。

思考练习题

1. 城市设计过程的广义与狭义区别？
2. 城市设计过程一般包括哪 5 大方面？
3. 总体城市设计的内容有哪些？
4. 重点片区的主要类型有哪些？
5. 步行空间的功能由哪些构成？
6. 城市广场设计的任务？
7. 城市滨水空间城市设计的内容？

6

城市设计案例

连云港商务核心区城市设计

6.1.1　规划背景与现状分析

（1）规划背景

商务核心区的控制性详细规划于 2006 年 12 月通过审批，作为指导开发建设商务核心区的根基依据。该规划明确商务核心区的土地用途、提供建筑规划管理通则，并对城市空间环境及景观方面提出规划控制要求，但其城市设计框架深度不足。

（2）现状分析

现时，商务核心区内临海一侧的道路已基本建设完成，大部分土地亦已经建设完成或正在开发建设当中；而靠山的部分则较多的土地仍处于规划设计阶段，道路系统仍在构建当中。目前，商务核心区内已基本形成大的框架结构。但是，为了进一步优化目前的城市空间环境、强化商务核心区的活力形象和海滨特色、突显山海城融和的独特地理环境，连云港市规划局东区分局委托顾问进行本项城市设计研究，在《连云港东部滨海商务核心区控制性详细规划》（图6-1）的基础上，结合考虑现状开发建设状况，重新探讨商务核心区的城市设计大纲，拟备较详细的城市设计指引，并对有关的控制性详细规划作相应修改，以实现理想规划，打造高品位的商务核心区。

6.1.2　总体规划与设计

（1）城市功能定位

1）现代化区域性国际商务中心（图6-2）

图6-1　连云港东部滨海商务核心区控制性详细规划

图 6-2　现代化区域性
国际商务中心

带领连云港市向国际性滨海城市作跨越式发展的商务平台；支援苏北周边地区和陆桥沿线省区持续发展的区域级 CBD。

2）沿海国际级滨海公共湾区（图 6-3）

提供城市休闲旅游、信息会展、现代居住等功能，引入和汇聚不同活动，丰富商务核心区的整体活力和氛围；体现现代滨海城市的空间形态、风貌和形象，跻身成国内沿海主要的公共湾区之一。

3）连云港东部滨海地区的商务中心

以商业金融办公为主导功能，逐步取代中山南路沿线商业的战略角色，为墟沟港港口与相关产业提供现代商业配套（图 6-4）；利用连接东大堤独有的门廊区位，为连岛的国际滨海旅游发展提供商业支持（图 6-5）；与东哨西墅、北崮片区形成职能分工，共同为东部滨海地区打造功能复合的综合性滨海商务中心区（图 6-6）。

图 6-3　沿海国际级滨海公共湾区

图6-4 墟沟港港口
 （左）
图6-5 连云港连岛
 （右）

（2）设计理念

基于重新确立的城市功能定位，新一轮的商务核心区规划与设计以打造
"山海相拥的滨海都心、人文汇聚的魅力都会"作为核心理念和总体愿景。

（3）设计目标

具体而言，新一轮商务核心区规划与设计的主要目标在于：

1）构建具吸引力的城市空间，引导高品质的城市开发，创造怡人的生
活环境，充分展示沿海重点商务核心区的独特卓越形象，并促进发挥其城市
功能；

2）建立一种山脊线、海滨环境和城市建设区和谐融合的空间关系，营造
和强化"山、海、城"一体的城市意象；

3）缔造用途多样化的城市空间，把商务核心区建设为充满朝气和活力的
新城市中心，成为人们理想的聚集和活动场所、地区经济和社会生活的中心（图
6-7）。

（4）设计思路与举措

依据整体的规划设计理念，针对上述的规划设计目标，并考虑到现状商
务核心区面对的主要设计问题与制约，规划提出四大设计思路及多个相应的设
计举措，详述如下：

思路一：重塑城市外貌形态，明确城市职能形象。

图6-6 连云港东部城区东哨西墅及北崮山周边地区
 控制性详细规划

举措一：

将商务核心区划分为
多个设计特色分区，制定
不同的规划设计要求，塑
造特色各异、空间形象鲜
明的区段。

举措二：

梳理用地布局，调
整用地功能组合，以创造
有利于塑造商务区形象及
营造繁华商业氛围的用地
条件。

图 6-7　滨海商务区

举措三：

通过调控地块划分、建筑体量以及高层建筑布局，明确商务核心区的空间突显性，并配合自然景观特征和格局，强化"山、海、城"一体的城市意象。

举措四：

依据特色分区的用地功能构成，统一规划建筑的色彩基调和材质，并提出设计导引，从而表现分区建筑群的集体特色与个性，明确和强化城市的职能形象。

思路二：打造功能多元、无边界的城市公共空间，激活街道空间氛围。

举措一：

以主要公共活动纽带和重要开放空间节点为重心，构建城市空间骨架，组织安排用地布局和建设模式。

举措二：

开放空间功能多元化，打造多样的公共活动空间，提升城市的魅力，并且打破地块界限，融合内外公共空间，采取无界化建设模式，提升公共空间的通达性。

举措三：

通过对临街建筑界面的功能和设计作出控制和引导，建立连贯统一的沿街建筑界面，清晰定义街道空间，促进临街商业经济活动，提升街道空间人气集聚能力。

思路三：提升交通便捷性，构建"无缝"流通空间系统。

举措：

人车分流，构建无障碍、有吸引力的步行连接系统，串联公共活动空间，形成网络，具体的设计手段包括：

● 利用地下通道，方便行人跨越海棠路、南疏港通道，设计与商业建筑或下沉式广场连接融合；

● 严格控制沿海棠路的机动车出入口，维护主干道车流的畅通性和步行环境的安全性；

● 设置地下通道、架空平台、天桥、人行优先区，方便行人前往海滨、享受环境；

● 步道与公共及私人开放空间接通，串联主要公建，方便行人，同时丰富步行趣味；

● 设置自动扶梯，方便行人前往半山的观景台和沿坡的餐饮零售店铺。

思路四：丰富人的空间感受与体验。

举措一：

依据特色分区的用地功能构成，对建筑色彩及材质进行统一规划，形成空间功能形象清晰、色彩和谐协调、变化有序的城市建筑环境，丰富行人的空间感受和视觉趣味。

举措二：

规划连贯的临街商业界面、街道与地块内部开放空间融合的无界化公共空间、用地功能复合的休闲步行街区，配合宜人的园林设计，创造质优多变的步行环境，提升步行的乐趣。

举措三：

维护自然景观特征及地标建筑的空间突显性、重要景观节点周边的空间开敞性，并设定景观视廊，确保相互之间的视线通达性，强化山海城市特色及空间方位易辨性。另在半山、超高层建筑及海滨，规划设立观景点。

举措四：

建立一套完善的标识系统，提供便捷全面的信息，方便辨认方位、读解城市。

举措五：

为营造迷人的城市夜景及合适的夜间环境氛围，提升夜里商务核心区的魅力，促进人气集聚，规划对不同性质的建筑及公共空间制定针对性的景观及照明设计指引。

举措六：

为重要的景观轴、活动带统一规划街道绿化、街道界面、街道小品等景观元素，创造宜人、舒适、有魅力的步行环境，予人难忘的步行体验。

规划将以上四大设计思路及其相应的设计举措，贯彻落实到整个商务核心区设计的各方各面。规划图纸如图 6-8 ～图 6-14 所示。

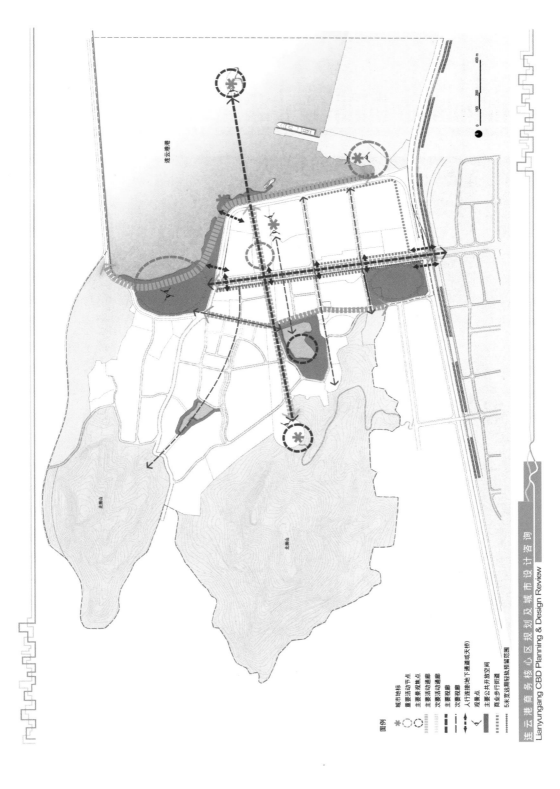

图 例

* 城市地标
⊙ 重要活动节点
○ 主要景观焦点
⬤ 主要活动通廊
▬▬ 次要活动通廊
━━ 主要视廊
┅┅ 次要视廊
↓ 人行连接(地下通道或天桥)
↕ 观景点
▬ 主要公共开放空间
⬤ 商业步行街道
┅┅┅ 5米宽远期轨预留范围

连云港商务核心区规划及城市设计咨询
Lianyungang CBD Planning & Design Review

图 6-8 连云港商务核心区城市设计大纲

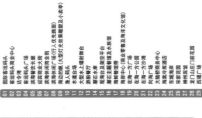
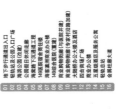
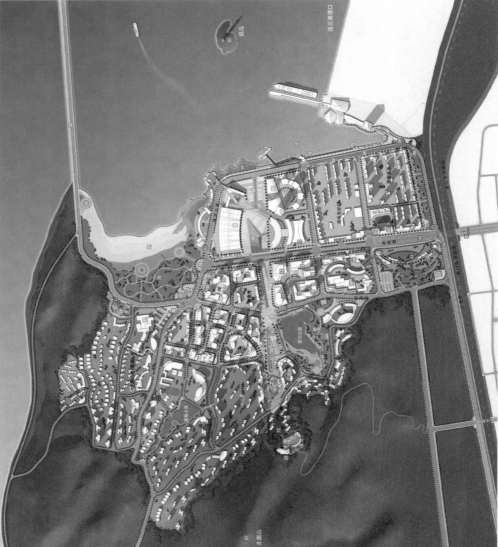

图6-9　连云港商务核心区规划总平面

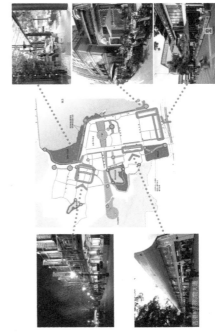

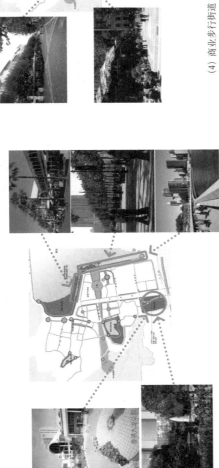

(1) 公园绿地（动态型）：加入餐饮、零售商业、文化旅游、体育等元素，丰富空间功能内容。

(2) 城市广场（多用途）：可用作举办节庆活动、文化表演、展示。

(3) 商业步行街区（广场式）

(4) 商业步行街道

图6-10　连云港商务核心区公共空间示意

连云港商务核心区规划及城市设计咨询
Lianyungang CBD Planning & Design Review

图6-11 连云港商务核心区全景鸟瞰

(1) 界面连续性处理

连续的界面（界定城市场所）	■ 以一致性的裙房高度形塑连续性街墙，可设计为连续性骑楼或退明廊道或裙房边线3-8m，建筑底层功能一般以商业金融或休闲餐饮。
连续的界面（街墙、界定主要街道）	■ 以建筑量体界定街道空间，塔楼退让裙房边线应不少于3m，建筑形象要素清晰，城市街道形象紧凑，建筑底层功能一般为商业零售、商业金融或休闲餐饮。
非连续的界面（强调空间互动和交流）	■ 底层、裙房建筑以一定模数为商业零售面宽，其界面可作前后交错变化，退让至指定裙房边线之后，每家零售店铺的店面应通透且彼此分离
特殊界面（地标性建设地块）	■ 界面控制无须遵循其所在界面之规定，以突显其重要性与特殊性

(2) 建筑色彩及材质

核心商贸办公区	■ 色彩：商务核心区的建筑材料以金属铝板和玻璃为主，主色调基本上都属于浅灰至暗灰色的低明度色系，区内色调变化并不明显，彰显现代简约主义、冷静、帅气、泰然自若的感觉

核心商贸办公区	■ 材质：建筑物（尤其是办公楼）的外墙材质以金属板材和玻璃幕墙等为主，也可适度混合使用石板幕墙或清水混凝土，并应较多采用反光度较低的物料。裙房外墙宜多使用高透明度的物料。
商业休闲促进区	■ 色彩：由核心区的冷过渡至促进区的暖，建筑主色调采用暖灰色调中偏黄及偏红的色相，表现一种含蓄、温馨的意象。陶瓷面板、办公大楼材料以金属陶砖、陶瓷面砖或玻璃幕为主。主色调属于暖灰色调，裙房建筑体材应使用耐候性和接性的物料，包括面砖、石板幕墙及金属幕墙等，并必须以配合塔楼建筑材质的整体效果为原则。

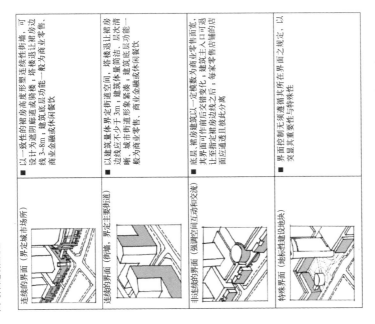

图6-12　连云港商务核心区界面连续性处理及建筑色彩和材质的控制

连云港商务核心区规划及城市设计咨询
Lianyungang CBD Planning & Design Review

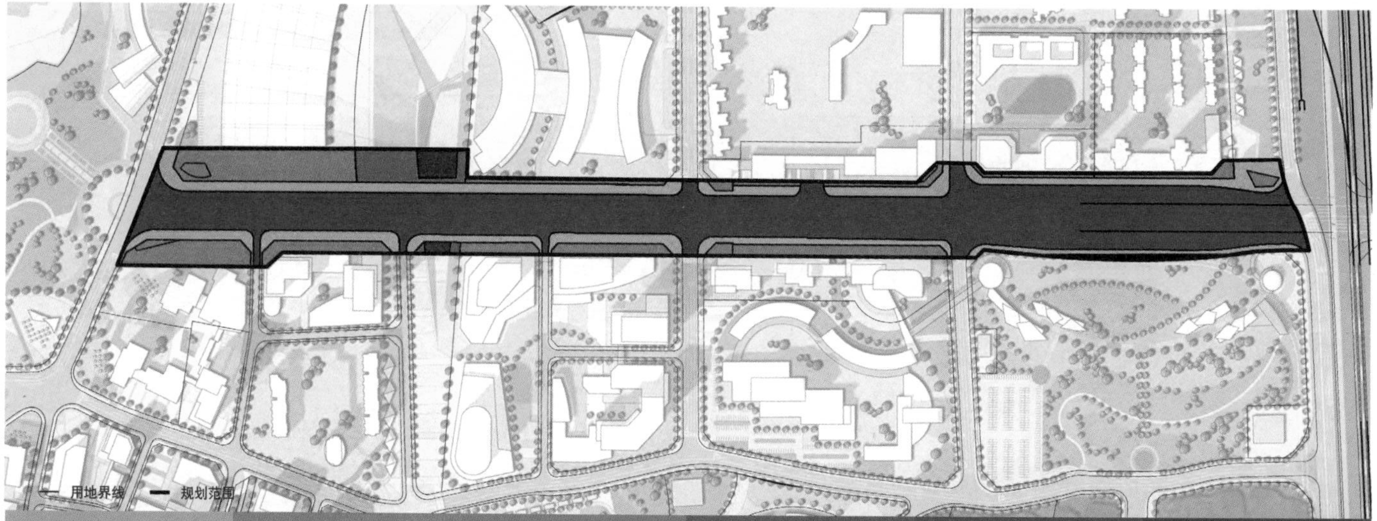

图 6—13 连云港商务核心区商业活动带土地利用规划意向

用地界线 —— 规划范围

路旁人行通道用地

规划意向

此地带的规划意向：建设沿街人行路

备注

▲ 必须保持人行通道的畅通性及沿街商铺的步行可达性

准许用途

◎ 人行路
◎ 街道休憩设施
◎ 街道信息设施

临街开放空间用地

规划意向

此地带的规划意向：主要利用沿海常路后退出的空地，以优化沿街的步行环境及强化商业区的街道购物氛围

备注

✗ 严禁任何商铺规模、影响空间向上散性的建设及设施
▲ 必须保持空间开敞性及临界界面的步行可达性

准许用途

◎ 广场
◎ 非永久性建筑结构的小型商店及摊档
◎ 游客信息亭

行人立交设施建设用地

规划意向

此地带的规划意向：主要是预留规划行人立交设施所需的建设用地，提供连接平台或地带商业面的行人通道

备注

▲ 建筑高度不可超过15米
▲ 必须采用通透度高的建筑物料，例如玻璃等
▲ 必须在与商铺设置出入口
▲ 可考虑与周边的裙房建筑一并设计

准许用途

◎ 行人交通设施
◎ 小商店

广场用地

规划意向

此地带的规划意向：主要是配合山海景观轴的规划设计，建设跨海常路的户外活动空间及提供舒适的步行环境

(详见山海景观轴的设计规范与导则)

地下通道用地

规划意向

此地带的规划意向：主要是配合山海景观轴的规划设计，为建设跨海常路的地下行通道所需的空间

(详见山海景观轴的设计规范与导则)

准许用途

◎ 广场
◎ 地下商业街的出入口

道路用地

规划意向

此地带的规划意向：主要是预留规划道路所需的用地

备注

✗ 严禁提供横过海常路的架空行人通道
限制提供横跨海常路的地面过路处
▲ 必须确保横跨海常路的视线通透度

准许用途

◎ 道路

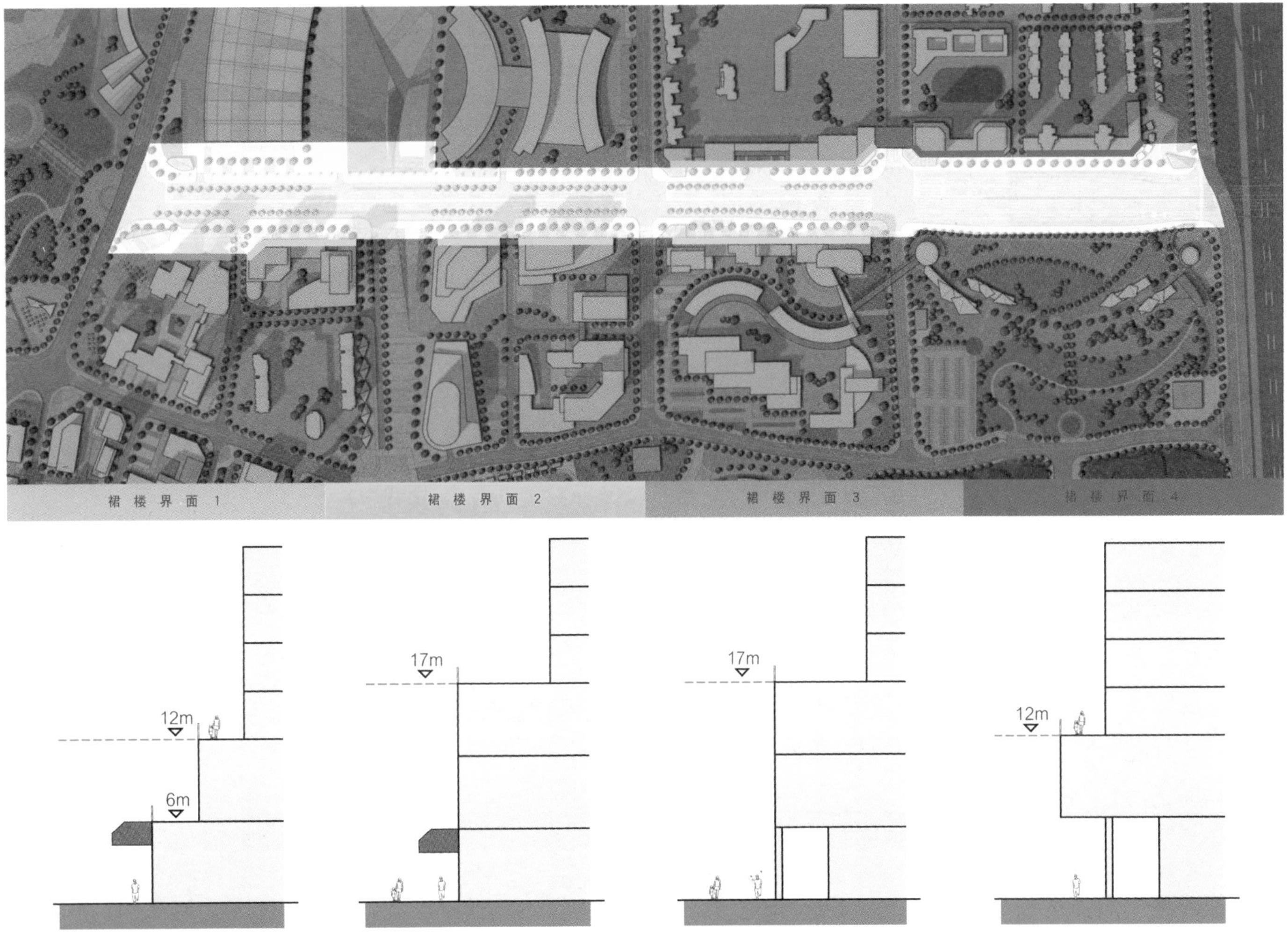

连云港商务核心区规划及城市设计咨询
Lianyungang CBD Planning & Design Review

图 6-14　连云港商务核心区商业活动带建筑界面处理

参考文献

[1] 郭红雨. 城市色彩的规划策略与途径 [M]. 北京：中国建筑工业出版社，2011.

[2] （德）迪特尔·普林茨. 城市设计（下）——设计建构 [M]. 吴志强译制组译. 北京：中国建筑工业出版社，2009.

[3] （德）迪特尔·普林茨. 城市设计（上）——设计方案 [M]. 吴志强译制组译. 北京：中国建筑工业出版社，2009.

[4] 汪德华. 中国城市设计文化思想 [M]. 南京：大学出版社，2008.

[5] 郑卫民. 丘陵地区生态城市设计 [M]. 南京：大学出版社，2013.

[6] 冯炜. 城市设计概论 [M]. 上海：人民美术出版社，2011.